品质生活·最美女人坊

10分钟 无龄美肤养成术

何琼 主编

重庆出版集团 重庆出版社

图书在版编目(CIP)数据

10分钟无龄美肤养成术/何琼主编. —重庆：重庆出版社，2012.1

ISBN 978-7-229-01645-6

Ⅰ.①1… Ⅱ.①何… Ⅲ.①美容－基本知识②皮肤－护理－基本知识 Ⅳ.①TS974.1

中国版本图书馆CIP数据核字（2011）第216501号

10分钟无龄美肤养成术

出 版 人：罗小卫

策　　划：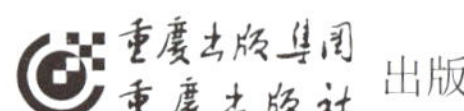 华章同人

责任编辑：陈建军

特约编辑：冷寒风

封面设计：桃　子

版式设计：李自茹

制　　作：（www.rzbook.com）

重庆出版集团 重庆出版社 出版

（重庆长江二路205号）

北京汇林印务有限公司 印刷

重庆出版集团图书发行公司 发行

邮购电话：010-85869375/76/77转810

E-MAIL：bjhztr@vip.163.com

全国新华书店经销

开本：787mm×1092mm 1/12 印张：10 字数：200千字

版印次：2012年1月第1版 2012年1月第1次印刷

定价：28.00元

如有印装质量问题，请致电 023-68706683

Author's Preface

美丽从
护肤开始

对女人来说，肌肤和年龄好似一对怨偶。它们相生相系，肌肤状态一般总在随着年龄增长而变得黯淡，无法停留在光滑粉嫩的青春态。于是，拥有年轻嫩滑的“无龄”美肤，就成为许多女人的终生梦想。

这梦想也不难。是的，衰老总会到来，但聪明女人会让它来得晚点、再晚点，让幼嫩美肤在自己身上停留得久些、再久些。要让肌肤不“出卖”年龄，女人需要的并不是那些天价顶级保养品，而是最细致、持之以恒的肌肤养护。10分钟无龄美肤养成术，就是一套最有力的好方法。

只用2分钟清洁时间，让纯净的本色肌肤露出最自然的面貌；再来2分钟的补水保湿，令肌肤喝饱水分，变得清爽透亮；3分钟的高效滋润程序，用最适合自己的保养品给肌肤最有力的营养呵护，无论是美白、淡斑还是抗皱，都在这一时间进行；最后3分钟给肌肤穿上“黄金甲”，用隔离霜或防晒霜让肌肤远离紫外线和灰尘的伤害。这是最快速而有力的美肤养成术，短短10分钟，就给你的肌肤“吃”了一道无龄养护大餐！

让肌肤变得如婴儿般细腻嫩滑，就从现在开始吧！

Contents |目录|

Part 01

每天10分钟，无龄美女养肤基本功

知己知彼认清肤质好美肤

8 入门第一课，5大常见肤质排排坐

9 肌肤小诊：你属于哪种肤质？

10 看肤质的“脸色”挑选护肤品

11 护肤步骤连环扣，10分钟顺序登场

12 不同肤质四季护肤小计谋

Part 02

彻底清洁，2分钟卸下肌肤“面具”

Chapter 01

卸妆为肌肤彻底“减负”

14 不同卸妆产品功过一览

16 对号入座找对卸妆产品

17 给予眼睛最温柔的呵护

18 唇部卸妆三步走

19 全力卸去“顽固”防水妆

20 完美卸妆的8个细节

Chapter 02

洁面肌肤护理第一步

22 挑选洁面产品，清洁力不是唯一

23 洁面大不同：泡沫型PK无泡型

25 清洁有术，洁面方法大起底

26 水温和洁面的亲密关系

27 去角质，定期的肌肤保养功课

28 挑选清洁面膜，认识功能与材质

Part 03

保湿控油，2分钟肌肤瞬现清爽光泽

Chapter 01

补水保湿粉嫩润滑透出来

30 小测试
你的肌肤渴了吗？

31 谁带走了肌肤的水分

32 识别肌肤的干燥信号

33 保湿方式肤质说了算

34 制定科学的补水计划表

36 办公室保湿护肤大作战

36 化妆水，清洁保湿两不误

38 三种水，不同肌肤对号入座
39 保湿喷雾，随时唤醒肌肤活力
40 保湿面膜DIY，就是爱天然
41 打造水润玉手的必备法宝
42 细心呵护，“足”够娇嫩
43 别忘了隐藏的保湿死角
44 唇部保湿细节要牢记
46 滋阴，由内而外增加肌肤水感
47 美食DIY，水润透出来

Chapter 02
控油祛痘与“痘”脸说拜拜
48 认清痘痘的真面目
49 油性痘肌的日常抗痘方案
50 贪吃爱玩族的消痘小秘诀
51 4个误区让痘痘不消反长
52 紧急祛痘大法，快速拯救痘痘脸
53 祛痘印偏方，“痘”过不留痕
54 经期痘痘请走开
55 用对属于你的控油爽肤水
57 祛痘面膜DIY，平滑美肌速成
58 满面油光，控油方法对号入座
59 控油面膜DIY，做清爽无油美人
61 排毒饮品DIY，痘痘去无踪
62 最佳祛痘食材排行榜

Part 04
滋养修复，3分钟肌肤全面营养配方

Chapter 01
挑选肌肤最爱的营养品
64 精华素，大幅提升肌肤品质
65 眼霜，给眼周肌肤温柔呵护
66 乳液，调湿护肤轻松上阵
67 晚霜，给肌肤穿一件睡衣
68 精华液选购，看懂成分
69 眼霜挑选，让年龄来做主
70 面霜&乳液，呵护肌肤各不同

Chapter 02
净白无瑕桃花美肌养出来
72 小测试
“灰姑娘”OR“白雪公主”？
73 谁带走了肌肤的光彩
74 想美白？听听肌肤怎么说
75 护肤小锦囊，帮你击退肌肤暗沉
76 熬夜过后的美白急救

SKIN

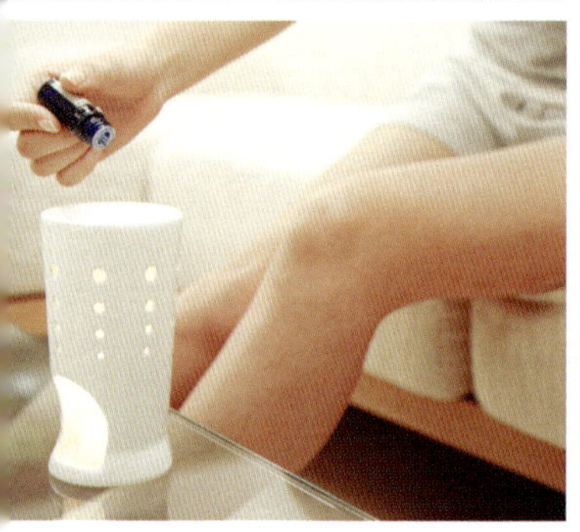

77 芳香精油的美白新体验

79 美白穴，点“靓”透白美肌

80 不同位置的斑点：身体隐患要小心

81 排毒淡斑，缓解肌肤“坏情绪”

82 祛斑面膜DIY，祛斑美白一步搞定

83 汤汤水水中的祛斑妙方

84 美白饮料DIY，喝出亮白好气色

85 最佳美白食材排行榜

Chapter 03

抚平细纹打造零肌龄平滑靓肤

86 小测试
肌肤出卖了你的年龄？

87 皱纹产生的原因大起底

88 生活习惯决定皱纹深浅

89 抗皱秘籍，浅皱VS深纹

90 消除法令纹，逆转肌肤年龄

92 除皱面膜DIY，与皱纹抗争到底

94 未雨绸缪，预防眼部皱纹小妙招

95 让鱼尾纹隐形的6个细节

96 抗皱眼膜DIY，为眼部减龄

97 性感双唇，与唇纹说再见

98 唇膜DIY，烈焰红唇的诱惑

99 颈部护理，抹掉岁月的痕迹

100 颈膜DIY，就爱天鹅颈

101 中医去皱按摩，平滑每一寸肌肤

102 食物里的抗皱生力军

Part 05

隔离防护，3分钟为肌肤穿上“黄金甲”

Chapter 01

防晒是永葆无龄美肤的关键

104 紫外线，健康肌肤的隐形敌人

105 不同外出目的地的防晒重点

106 一年四季防晒不停歇

Chapter 02

全副武装对抗紫外线

108 你选对防晒霜了吗？

109 认识防晒霜上的系数指标

110 挑选防晒霜，SPF值并非越高越好

111 物理防晒PK化学防晒

112 隔离霜，四季必备的防护衣

113 正确涂抹防晒产品，肌肤更安全

114 晒后修护，轻微VS严重

115 修护面膜DIY，为肌肤亡羊补牢

118 防晒误区让你越来越黑

119 最佳防晒食材排行榜

Part 01

每天10分钟，无龄美女养肤基本功

知己知彼 认清肤质好美肤

美肤的第一课，首先应该认清自己肌肤的现状和需求，才能有针对性地开始美肤大计。

入门第一课，5大常见肤质排排坐

每个人的肌肤类型各有不同，不同肌肤类型，对于护肤方式有着不同的需求。只有了解自己的肤质类型，才能有针对性地呵护肌肤，找到最适合自己的肌肤保养之道。一般来说，常见肤质有以下5种：

干性肌肤

肤质较薄，容易被晒伤；皮肤角质层水分低于10%，皮脂分泌少；容易干燥缺水，特别是气候干燥时，会有脱皮的现象，还有可能出现红斑或斑点；在眼部及唇部四周生成皱纹的速度较快；很少长粉刺和暗疮，毛孔不明显。

油性肌肤

皮肤油脂分泌旺盛，几乎在做完脸部清洁的1个小时以内就会出油，脸上经常满面油光，T字区域尤为明显，但是到了天气转冷时又容易出现缺水的症状；毛孔较粗大，爱长粉刺和暗疮，但这类肤质不易生皱纹。

中性肌肤

肌肤水油分泌平衡，既不干也不油，肤质平滑有弹性，对外界刺激有很好的抵抗力，是较为理想的肤质类型。

混合性肌肤

混合了干性、油性肌肤的特征，常见的表现为T字区域泛油

光，而其他部位则偏干燥，大部分人都是此类肤质。

敏感性肌肤

易因外界刺激而引起不适的肤质，遭遇换季或突然遇冷、遇热时，皮肤局部会发红或起小丘疹；肌肤皮层较薄，甚至会有红血丝。

肌肤小诊：你属于哪种肤质?

只有充分了解自己的肤质类型，才能在护肤过程中真正的满足肌肤的需求。要想判断自己属于哪一种肤质，可以通过下面三种自我检测法来判定：

test 触摸测试法

早晨起床时，用手指触摸肌肤来测定肤质。

干性肤质触摸时，会有不平整、粗糙的感觉；油性肤质触摸时，会有油腻、黏手的感觉；中性肤质触摸时，会感觉不干不油，肤质平滑细腻；混合性肤质触摸时，两颊有粗糙之感，额头、鼻梁、下巴有油腻感。

test 洁面测试法

通过洁面后不擦任何护肤品，看皮肤紧绷感的持续时间来测定肤质类型。

干性皮肤洁面后紧绷感约40分钟后消失；中性皮肤洁面后紧绷感约30分钟后消失；油性皮肤洁面后紧绷感约20分钟后消失。

test 纸巾测试法

睡前清洁皮肤后，不擦护肤品，待第二天早晨醒来后，用纸巾轻轻擦拭脸部，以纸巾上的油迹来测定肤质。

干性肤质在纸巾上不会留下油迹；油性肤质会在纸巾上留下大片的油迹，所对应的部位分别是额头、鼻梁、鼻翼、下巴、脸颊等；中性肤质在纸巾上仅会留下星星点点的油迹；混合性肤质易在纸巾中心留下片状油迹，对应出油部位是额头、鼻梁、下巴。

看肤质的“脸色”挑选护肤品

认清了自己的肤质，就能进行针对性的护肤计划了，现在就开始购买护肤品吧。市面上琳琅满目的护肤品，常常会让你目不暇接，一个不留神，就可能被护肤品漂亮的包装所迷惑，选择了并不适合自己的产品。所以在选择之前，我们要根据肤质弄清楚基础护肤的侧重点，才好“对症下药”。

干性肤质

以补水和营养为主。首先应该选择强调补水保湿功效的护肤品；其次，由于肌肤本身缺少水分，容易长细纹，所以护肤品还要兼具抗衰、抗氧化的作用。用质地温和的洁面产品，再加上滋润型的柔肤水、乳液以及保湿面霜是最佳搭配，可以保持肌肤湿润不紧绷。

油性肤质

首先要注意护肤品最好有清洁收敛的功效，防止毛孔堵塞并将其缩小；其次，由于肌肤本身偏油，容易长痘痘，所以应避免使用过于滋润的护肤品。因此，控油紧肤水+补水面霜，是比较不错的基础搭配。

中性肤质

护肤品具有基本保养功能即可，但如果不注意，容易转变成干性皮肤。因此要注意锁水保湿，爽肤水+面霜是比较适合的搭配。

混合性肤质

由于兼具干性和油性肌肤的特点，爱出油的T字区域可选取控油收敛水＋补水面霜，干燥的两颊可选取爽肤水+保湿面霜。

敏感性肤质

选择护肤品首先得强调“温和无刺激”，然后才能看其他作用，不然都只是枉然无效，一般药妆都有其针对性的产品，选择时不妨多看下这类产品。

护肤步骤连环扣，10分钟顺序登场

护肤品虽然能够给肌肤提供全方位保护，但即使是相同系列的护肤品，它们的质地也不完全相同，在使用时一定要注意顺序，这样才能实现理想的护肤效果。

基础护肤品使用顺序

一般来说，应该采取先水，再乳，最后油的顺序，即：使用护肤品时，将成分较稀的放在前面，而油性成分较高、滋润效果较强的放在后面。具体而言，就是按照化妆水→眼霜→乳液→隔离防晒霜（白天）/夜间修护霜（晚上）的顺序来使用护肤品。

如果首先使用了滋润程度较高的霜状护肤品，涂抹过后会在脸部形成一个保护膜，那么其他分子较小的精华液等产品就很难被吸收了。

此外，涂抹时还要注意，眼部区域的肌肤是十分敏感的。脸部的化妆水、精华液、面霜都不能用于眼部，这里只能使用专门的眼部护肤产品，如眼部凝胶、眼霜等。

特殊护肤品使用顺序

特殊护肤品指的是具有特殊功效的护肤产品，例如精华素、修护液或者抗衰老之类的产品，最好在化妆水之后、面霜之前使用。因为这些产品营养较丰富，而且是浓缩品，待使用化妆水后，毛孔重新张开，更有利于这些护肤品被皮肤吸收。

不同肤质四季护肤小计谋

随着四季的更迭，皮肤的感觉也在发生着变化，对外界环境的反应也不同。同一个人的皮肤，有可能在春夏时节被出油所困扰，而到了冬天却变得异常干燥。所以，护肤也要“与时俱进”，在不同的季节里选择不同的护肤策略。

1 春季 Spring

春季气候冷暖交替，加上花粉、粉尘等影响，很容易引起皮肤问题。而且，从此时起，皮肤开始变得容易出油。所以除了要进行常规保湿外，还应进行仔细的肌肤清洁措施，选择刺激性小的护肤品，并避免皮肤受到外界刺激。

2 夏季 Summer

夏季最重要的护肤策略就是抵抗日晒，防晒霜当然必不可少，而有上妆习惯的人，这个时候一定要重视卸妆，不要只将关注的重点放在T区的油脂上；卸妆完毕后，先用温水洗脸，再用冷水收缩毛孔。整个脸部要想取得水油平衡，一定要补充足够的水分，抑制油脂的分泌，并使用具有收缩毛孔效果的美白护肤品。白天应坚持使用防晒隔离用品，做好肌肤的保护工作。

3 秋季 Autumn

秋季到来，空气会变得越来越干燥，让肌肤整天都处于干渴状态，所以保湿补水是秋季护肤的主题。除了进行保湿之外，还要注意一些肌肤问题的保养。比如夏季日晒所导致的晒黑、色斑等现象，可以在秋季进行针对性的改善；而秋季干燥所导致的细纹，也可以使用针对性的护肤品进行滋养。

4 冬季 Winter

在冬季干燥严寒的气候影响之下，肌肤缺水问题会进一步严重，甚至会出现脱皮、开裂等情况，连油性及混合性肌肤都有可能在季节交替的时候出现缺水的状态。对于这种肌肤的人来说，整年都要注意的事情就是保湿，乳状或霜状的护肤产品能给肌肤提供丰富的营养，帮助肌肤留住油脂，锁住肌肤的水分。

Part 02
彻底清洁，
2分钟卸下肌肤“面具”

卸妆
为肌肤彻底“减负”

别让妆容成为肌肤的沉重负担，完美化妆也需要完美的卸妆，让肌肤好好休息一下。

不同卸妆产品功过一览

美丽的彩妆能让人看起来神采奕奕，拥有一整天的好心情，可晚上的卸妆却是一个大麻烦。如果卸妆不彻底，或者所选择的卸妆产品清洁力不够，就会给肌肤造成沉重的负担。因此，在选择卸妆产品时，看准产品质地才能给肌肤最好的保护。

Point 1 卸妆油

卸妆油是目前市面上较为常见的一种卸妆产品，它的设计原理是以油溶油，通过以水乳化的方式，与彩妆的油污相融合，卸妆能力非常强。这种卸装产品对于那些抗水、抗汗、持久型、遮盖力好的妆容效果较佳，但是干性、敏感性和痘痘肌肤慎用。

功：对于比较厚重的浓妆卸除效果非常好，如油脂含量较高的粉底和油性的眼影等，能够将残留的彩妆完全清理干净，安全无刺激。

过：使用卸妆油的时候，往往需要用洁面产品对脸部进行二次清洁，才能保证彻底洗净。

Point 2 卸妆霜

卸妆霜的质地比较厚，含有大量的油脂，通常用来清理较为完整的妆容。建议敏感性和痘痘肌肤不要使用。

功：针对不同肌肤，一般分亲水性和亲油性两种，前者比后者卸妆效果要弱一些。亲水性可直接用水冲洗，亲油性则需用纸巾擦拭。
过：对于卸妆手法要求较高，要用手指画圆圈的方法卸除，如果手法不当的话，卸出的彩妆污垢很容易被皮肤“吃”回去。

Point 3 卸妆乳

卸妆乳的成分和卸妆霜的成分很相似，基本属于同类的卸妆产品，但是和卸妆霜相比，要轻薄清爽一些，可以用来卸掉日常妆容，基本适用于各种肤质。

功：基本上能卸除一般情况下的妆容，且清爽无负担，卸妆过程比较简单。
过：与卸妆霜一样，也要注意卸妆手法才能取得良好效果。

Point 4 卸妆凝胶

一种含水量较高的卸妆产品，但是因为卸妆能力较弱，因此只适用于卸除淡妆。基本上适用于各种肤质。

功：比较方便清洗，并且使用感觉清爽。
过：卸妆能力比较弱。

Point 5 卸妆水

卸妆水是通过产品中非水溶性成分与污垢相结合，将妆容彻底清除，质地比较清爽。适用于敏感性肌肤、油性肌肤以及混合性肌肤。

功：卸妆快速，还有保持肌肤含水量的作用，令肌肤清爽水嫩。
过：对于卸除浓妆以及完整妆容的效果一般，且不能在皮肤表面长时间停留，否则容易带走肌肤水分。

Skin Beauty

对号入座找对卸妆产品

油是卸妆产品的主要成分，用来和彩妆的油污相融合，遇水乳化后完成卸妆的工作。很多人认为卸妆产品含油越多，卸妆能力就会越强。但实际上，这种“以油去油”方式最讲究的就是适量，不同肤质需要的卸妆程度是不一样的。只有与肌肤最契合的，才是最好的卸妆产品。

缺水性肌肤

缺水性肌肤应选用那些亲水性较好、不含油脂且具有保湿功能的乳状卸妆产品，才能避免肌肤在卸妆时流失过多水分，引起过敏或脱皮等皮肤问题。

NO.2

干燥熟龄肌肤

干燥的熟龄肌肤往往缺少弹性，上妆后还会加快细胞老化速度。因此卸妆时，应用含有维生素、植物型油脂的霜类卸妆品，并配合含胶原蛋白的洗面奶，使皮肤表面形成滋润型的保护膜，锁住水分。卸妆最好用手指往斜上方打圈的方式，往上提拉皮肤，增加弹性。

NO.3

油性、痘痘肌肤

油性、痘痘肌肤在卸妆时，要用含有消炎、杀菌成分的卸妆产品，将污垢彻底清理干净，并且要配合收缩水收敛因化妆造成的毛孔粗大。尽量不要用含酒精的卸妆品，否则易造成皮肤缺水、脱皮或过敏症状。

NO.4

敏感性肌肤

敏感性肌肤应选择质地温和、具有一定的消炎杀菌作用、质地稳定的卸妆产品。敏感性肌肤的卸妆时间不宜过长，卸妆产品在脸上多一刻的停留，都有可能增加肌肤过敏的危险。

给予眼睛最温柔的呵护

每个人都希望拥有一双美丽动人的眼睛，可黑眼圈、眼角细纹等问题常会给你的美丽打点“折扣”。尤其是爱化妆的女性，眼线液、睫毛膏、眼影等众多化妆品成分聚集在眼睛周围，如果卸妆不慎，很容易造成眼部彩妆残留。所以，掌握正确的眼部卸妆方法至关重要。

Step1 倒卸妆液

将硬币大小的卸妆液倒在化妆棉上，让其充分吸收。

Step4 把睫毛膏清理干净

将蘸有卸妆液的化妆棉垫在下眼睑处，然后把睫毛膏仔细清理干净。

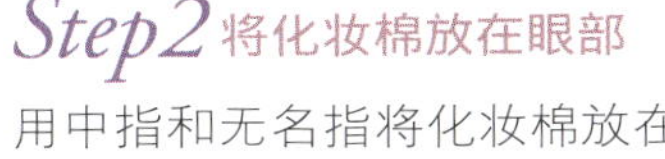

Step2 将化妆棉放在眼部

用中指和无名指将化妆棉放在眼部，并沿着眼部的弧度按压大约5秒。

Step5 清除睫毛根部的眼线

用手指将上眼睑轻轻地提起，将睫毛根部的眼线清除，并擦掉眼部细小的彩妆残留物。

Step3 擦拭时力度要轻

闭上双眼，用化妆棉沿着眼皮的肌理，从内眼角向外眼角的方向慢慢抹去。

Step6 清洁眉毛

用化妆棉的一面由内至外轻轻擦拭，再用反面逆着眉毛的生长方向，由外到里擦一遍。

唇部卸妆三步走

最完美的唇妆应该成为整个妆容的点睛之笔，它就像伊甸园的禁果一般，充满着诱惑。不管是埃及艳后的烈焰红唇，还是若有似无的水嫩咬唇妆，鲜艳饱满的唇部色彩让女人的魅力展露无遗。可是，在卸除这层光鲜后，你敢秀出你的裸唇吗?

被忽略的嘴唇

很多人在卸妆时总是会忽略唇部，一方面是因为唇部承担着说话和进食两项重要任务，在这个过程中会让唇妆淡化，进而被忽视；另一方面是因为人们普遍认为唇膏或口红只需要用清水清洗即可完全去除，因而未给予足够的重视。

实际上，唇部化妆品同样有很多化学成分，若得不到彻底卸除，残留的化学成分会让唇部失去光泽，变得干燥、容易脱皮。而且嘴唇不含皮脂腺，更容易让有害物质沉积，使唇色暗沉不均匀，也会加深唇纹。因此，每日的唇部清洁与保养尤为重要。

唇部卸妆步骤

对唇部进行卸妆，最好选用性质非常温和的唇部卸妆液以及质地柔软的化妆棉。它们不但不会伤害到肌肤，还能够增加唇部皮肤的弹性，起到舒缓和镇静的作用。可以使用最受化妆师推崇的含有牛奶成分的卸唇液，这种卸唇液相对来说比较温和，适合于唇部和眼部的卸妆。

Step1 蘸取适当的卸唇液

用化妆棉蘸取适当的卸唇液，轻轻地敷在嘴唇上，使卸唇液和唇妆充分地融合，待其溶解后用化妆棉横向擦拭唇部。

Step2 擦拭嘴角

换一块干净的化妆棉蘸卸唇液后，由嘴角慢慢地向内擦拭。在擦拭嘴角时，应向内转动。

Step3 保护嘴唇

将蘸取化妆水或保湿液的化妆棉敷在唇部约10分钟。也可使用保湿滋润的唇膏。

全力卸去“顽固”防水妆

炎炎夏季，汗水是妆容的大敌。于是，许多女孩都选择使用防水性的化妆品，可防水妆容也给卸妆出了难题，普通洁面产品根本无法完全将其卸除，最难卸除的防水粉底以及眼妆部分，变成了困扰肌肤的“钉子户”。为了给肌肤一个健康的环境，在尽情享受防水彩妆的同时，也一定要做好彻底卸除的准备！

防水粉底卸除步骤

Step1 乳霜状清洁产品

使用去污能力较强的乳霜状清洁产品，用量大概为两茶匙，用手指搓揉。

Step2 轻轻地揉开

用指腹从脸颊部位以螺旋方式轻轻地揉开，脸部凹处难以清洗到的地方，要按摩数分钟。

Step3 由内到外进行擦拭

当泡沫的颜色变成粉红色时，可将其由内到外进行擦拭。

从左至右起

↖美肤宝水感净白洁面乳、资生堂洗颜专科泡沫卸妆净颜乳液

Step4 将卸妆产品倒于手心

将卸妆乳液（用量大概为一茶匙）倒于手心，轻轻擦在额头、面部、颈部等带妆部位。

Step5 从颈部向上擦拭

从颈部擦拭2～3次后，用干净化妆棉蘸化妆水轻拍脸部。

↑香奈儿双效眼部卸妆液

防水眼线、睫毛膏和眼影卸除方法

应该使用质地温和的眼部专用卸妆产品，同时还要辅助使用棉棒或化妆棉，按照眼妆的卸除步骤将其清理干净，最后还要用干净的棉棒或化妆棉来进行擦拭。可以重复眼部的卸妆步骤，一直到彻底卸妆为止。

值得注意的是，对于佩戴隐形眼镜或是眼部肌肤非常敏感的人，在选择眼部的卸妆产品时，一定要先进行试用，尽量选择温和不刺激的卸妆产品。

*小贴士

卸妆注意事项

卸妆时需注意，一定要用温水进行冲洗，因为冷水对油脂清洗力较差，而过烫的水又容易造成皮肤干燥。

完美卸妆的8个细节

化妆时，为了追求完美，连耳根和发际线处都不放过，可为什么到了卸妆时，就变得马马虎虎呢？事实上，卸妆也要贯彻“完美主义”，才能保证肌肤的每个角落都能得到温柔的呵护。一次完美的卸妆，胜过一堆保养品的补救，这其中的8个细节，都是爱美的你绝对不能忽视的。

Perfect details

完美卸妆细节TOP8

TOP 01 在选择卸妆产品时，一定要仔细查看产品包装上的成分介绍，最好不要选择含有酒精、香料、色素等化学成分的产品，以免这些成分对皮肤造成刺激。

TOP 02 对于卸妆霜一类的卸妆产品，最好在使用前能在手中搓热，防止冷的卸妆产品令毛孔收缩，降低卸妆效果。

TOP 03 在使用卸妆霜时，用量要适当。夏天的防水妆卸妆产品使用量通常在两茶匙左右，一般的妆面可以适当减少用量，根据不同卸妆品牌的清洁能力进行调整。但用量不能太少，以免在使用时弄疼肌肤，并且也不能将脸上的妆卸除干净。

TOP 04 需要注意的是，将卸妆油倒入手中时，手和脸部都必须保持干燥的状态，最好不要残留任何水分，否则卸妆产品在手中就遇水乳化了，有可能会弱化卸妆的效果。

TOP 05 眼部应使用专门的卸妆产品，特别是在使用水油分层的产品时，一定要在用之前将其充分摇匀。

TOP 06 使用卸妆产品时，通常采用螺旋状按摩方式（特殊注明的产品除外），注意千万不要来回在脸上无规则性地涂抹，亦不要超过1分钟，这会导致污垢又跑回毛孔中。

TOP 07 化妆棉在使用一次之后就应该丢弃，为了避免浪费，在使用的时候，可以先将其对折两次，用完之后再换干净的一面，这样既可以节省化妆棉，又可以提醒自己对脸部多进行几次清洁。

TOP 08 卸妆完毕后，应该用性质比较温和的洗面奶对面部再次进行清洁，并且用爽肤水做最后的清洁，这一点非常重要，有利于保持皮肤的酸碱平衡。

SKIN
Chapter 02
美肤

洁面
肌肤护理第一步

完美的肌肤离不开日常的清洁护理，让油脂灰尘通通逃离，使肌肤重获洁净与光彩。

挑选洁面产品，清洁力不是唯一

挑选洁面产品时，清洁力不是唯一的决定性因素，更重要的是要了解产品类型，并根据自己的肤质进行挑选。

洁面产品基本类型

洗面奶通常由油合物、表面活性剂、营养剂、增稠剂、固化剂等成分构成。根据质地可将洗面奶分为三类，即洁面膏、洁面乳和洁面啫喱。洁面膏清洁能力较强；洁面乳比较温和，对皮肤刺激不大；洁面啫喱使用起来比较清爽。此外，洁面皂也是一种常见的洁面产品，其特点是质地细腻紧密，泡沫丰富，去污力强，并且价格实惠。

不同肤质挑选不同洁面产品

干性肤质由于角质层水分不足，所以可以选择洁面乳或面啫喱。

油性肤质则要选择一些清洁能力较强的洁面膏或者洁面皂。

中性肤质没有什么禁忌，可以根据自己的实际需要，如美白、保湿、抗氧化等需求，选择有针对性的洁面产品。

从左至右起

↑露得清深层净化活力洗面乳、THE FACE SHOP绿豆洗面奶、欧莱雅清润泡沫洁面膏混合性肤质在夏季可选用清洁力强的洗面奶，到了秋冬两季，则要在考虑清洁效果的同时，还要考虑洗面奶的滋润效果。

敏感性肤质最好选用一些无添加、无香料、无防腐剂的洗面奶，否则会加剧肌肤的敏感程度。

洁面大不同：泡沫型PK无泡型

走到商场的柜台前，琳琅满目的洁面产品让人眼花缭乱；热情的导购小姐不厌其烦地推销各种洁面产品：美白的、深层清洁的、去黑头的……不过是洗脸而已，要不要这么复杂呢？

SKIN BEAUTY

洗脸：并不简单的护肤程序

洗脸，不就是用洗面奶搓一搓，水冲一冲，毛巾擦一擦就完事的事情吗？多简单！可是，真的有这么简单吗？

洗脸的目的，是要将脸上的灰尘、多余的皮脂、老化的角质、环境中的细微污染物以及残留的彩妆等清理干净。如果任由这些污垢在脸上堆积下去，会导致皮肤的正常新陈代谢受到阻碍，造成皮肤干燥、出油、粉刺等一连串的问题。不仅如此，不合适的洁面会加速脸部胶原蛋白的流失，降低皮肤的弹性，让人看起来苍老10岁！

要知道，洗脸是为了解决肌肤问题，而不是给肌肤造成新的问题。所以，对于“面子工程”可不能随便将就，挑选一款合适的洁面产品，才能为你的皮肤做好大扫除工作。

泡沫应该多还是少?

〔泡沫型〕

很多人在挑选泡沫型的洁面产品时，更多的是出于一种心理上的“安全感”，觉得泡沫越多，说明质地越细腻，也就能更好地达到清洁面部的作用。

这类产品一般对水溶性的污垢具有较强的清洁能力，对于偏油性的肌肤以及混合性肌肤“三角区”的局部清洁具有较好的作用。但如果是干性肌肤或是中性肌肤，会因为其较强的清洁能力使皮肤变得更加干燥、紧绷，严重的时候甚至会出现瘙痒、脱皮等现象。

一款好的泡沫型洁面产品，其泡沫应该细腻又有质感，不会在短时间内破裂。这样才能在清洁肌肤的同时，达到对肌肤进行滋养和保湿的功效。

〔溶剂型〕

溶剂型的洁面产品主要是通过“油油融合”的方式对脸部进行清洁，主要针对的是油性污垢。其代表产品就是各类的卸妆油和清洁霜等。

有人看重溶剂型洁面产品的超强清洁能力，不管化不化妆都喜欢用它来洗脸。其实这样做会给皮肤带来不必要的刺激，加速皮肤问题的产生。平时在没有上妆的情况下，建议不要使用此类型的产品。

〔无泡型〕

近年来，市面上无泡型的洁面产品越来越多。它们通常都不含皂基，泡沫不多但是洗净力却不逊色于泡沫型洁面产品。一些干性肌肤或是中性肌肤等都可以使用。

清洁有术，洁面方法大起底

看似简单的洗脸步骤，却有可能给皮肤造成更大的问题：干性肌肤容易敏感，发红、瘙痒、脱皮，活像一只大花猫；而油性肌肤爱冒痘，满脸的坑坑洼洼碰又碰不得、治又治不好……其实这些都可能是清洁方式不当引起的。学会正确的洁面方式，是保护肌肤不受伤害的关键步骤所在。

洁面步骤

Step1 洗手

洗脸前先清洁双手，将手心和手背都轻轻揉搓30秒左右，最后用清水洗净。千万不要直接把洗面奶倒入手中再加清水，否则会把手上的细菌带到脸部。

将洁面产品倒入手中揉出泡沫，从额头由上到下清洗1分钟。额头和脸颊处用双手分别向外划圈；T形区内鼻翼两侧，从鼻翼到鼻尖上下按摩；鼻根至双眉间，抿嘴后上下划圈清洗。

Step3 冲洗

用清水彻底清洗泡沫，包括眼窝、鼻翼附近，还有鬓角、发际线处等都应清洗干净，以免洁面产品附着在上面。

科学洗脸的小细节

1.洗脸频率要适当，早晚各洗一次脸即可，夏季可以适当增加洗脸次数。早上要选择温和的洗面奶，晚上则选择清洁力较强的。

2.皮肤比较油的人不需要经常洗脸，否则容易使皮肤中的水分过多地流失。

3.若外出时间较长，回到室内后应马上洗脸，将脸上的灰尘和油污清理干净。

4.要用流动的水洗脸，清洗时多用水，少用手、少用毛巾，减少对脸部的再次污染。

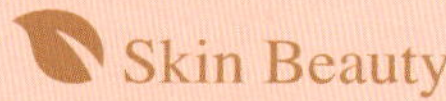

水温和洁面的亲密关系

洗脸究竟应该用冷水还是热水？很多女孩认为冷水洗脸有紧肤的作用，能让毛孔变得细腻，但事实上，只用冷水洁面会导致肌肤清洁不彻底，灰尘、油脂和角质会躲藏在毛孔中慢慢积累，造成一系列的肌肤问题。

● Point 冷热交替的清洁方式

一般来说，洁面水温采用冷热交替的方式最好。要想将毛孔中的脏东西彻底地清除干净，首先应该用温水将毛孔打开；然后通过洁面产品的清洁和手指的按摩作用，将污垢从毛孔中带走；用清水冲洗后，最后用冷水收敛毛孔。

总之，每次洗脸就像是开门将垃圾清扫出去再关上门的过程，温水和冷水在这个过程中扮演着开门和关门的作用，所以一样都不能少。坚持用温水和冷水交替的方式反复多洗几次，才能有效地将所有的“脏东西”都扫地出门。

● Point 冷水收尾不能忘

洗脸时，最后一遍一定要用冷水。其作用是收敛毛孔，使毛孔的收缩性得到很好的锻炼，增强面部的血液循环，提高皮肤的弹性，让皮肤变得紧致细滑。

● Point 温水≠热水

温水不同于热水，用来打开毛孔的水温最好保持在30℃左右，比体温低一点。可以在洗脸之前用手在水中试一下，不觉得烫即可。

这种温度的水不仅可以去除脸部的灰尘，而且能够使毛孔张开，有利于皮肤进行深层的清洁。即使是冬天，也不宜用过热的水来洗脸。当水温超过体温时，会减弱面部血管壁的张力，久而久之使皮肤变得松弛、干燥，容易下垂和出现皱纹。

去角质，定期的肌肤保养功课

角质又称为死皮，是皮肤细胞不断生长的产物。不均衡的饮食、不规律的作息等生活方式都可能造成人体的代谢速度减慢，使得角质细胞无法自然脱落。如果角质层变厚，皮肤就会慢慢失去光泽，甚至产生皱纹、痘痘、斑点等，而且还会阻碍皮肤的活细胞对保养品的吸收。所以，想拥有健康美肌，定期去角质很关键。

去角质产品

常见的去角质产品包括磨砂型、化妆水型、面膜型、乳液型等几种。其中磨砂型去角质产品由于清洁能力较强，所以比较适合油性肌肤使用；干性肌肤最好选用化妆水型、乳液型去角质产品，此类产品不会对肌肤产生强刺激；痘痘肌肤或者敏感肌肤应慎用去角质产品，避免加重过敏情况。

去角质方法

以油性肌肤使用磨砂膏为例，去除角质时可以采取以下方法：

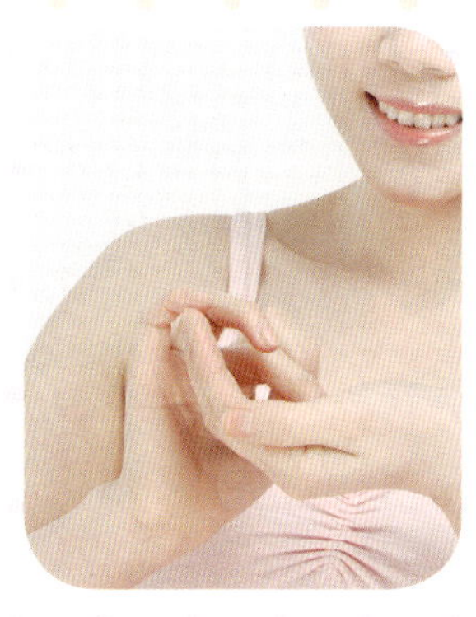

Step1 将磨砂膏倒入手心

将磨砂膏倒入洗净后的手心，轻轻揉搓，然后从下巴开始，用中指和无名指慢慢向外打圈。

Step2 轻轻打圈

手指移到鼻翼两旁，轻轻向外打圈，清除囤积在鼻翼两边的黑头及粉刺。

清除恼人的黑头。

Step3 移至额头位置

手指慢慢移至额头位置，由内向外打圈至额头两端。

Step4 按摩脸颊处

手指移到两侧脸颊处，由内至外地向脸庞中央打圈。整个按摩过程大约持续1分钟，然后用温水冲洗。

挑选清洁面膜，认识功能与材质

面膜之于女人，就像是闺蜜一般，总能给予最贴心和最及时的呵护。每个爱美的女人，护肤品里总少不了各种面膜，美白的、淡斑的、镇静修复的、补水的……在炎热的夏季，闷热的天气让肌肤问题频频出现，我们需要比洗面奶更加有力的洁面工具，那就是清洁面膜。

面膜含有许多精华成分，能使脸部和外界暂时隔绝，使营养充分渗透皮肤之中。而清洁面膜的作用在于深层清洁毛孔内的污垢，以及清除多余的油脂。

清洁面膜的三大功效

Point | 全面覆盖毛孔

面膜的卓越效果是建立在与皮肤完全贴合的基础上的。一款与皮肤完全贴合的面膜，能够全面覆盖毛孔，让面膜中的水分和清洁成分慢慢地渗透皮肤的角质层，让毛孔得到深层清洁，最后被面膜中的吸附成分带出皮肤，使肌肤恢复干净水润。

Point | 皮肤的舒适感

深层清洁面膜通常需要在脸上敷厚厚一层，虽然干燥速度很快，但舒适感比一般面膜稍差。最好是能够多尝试一些清洁面膜，从中找出最舒服的一款。

Point | 镇静能力

清洁面膜除了能够深层清洁毛孔以外，还有一个额外的功效，那就是对皮肤起到镇静舒缓的作用，有的面膜甚至能够缓解皮肤的炎症。一款好的清洁面膜在使用过后，不仅让皮肤感觉清透洁净，而且能够降低体表的温度，让肌肤感觉舒适清爽。

Part 03

保湿控油，
2分钟肌肤瞬现清爽光泽

补水保湿 粉嫩润滑透出来

了解肌肤亲水的特性，满足肌肤对水的渴求，才能做粉嫩的水美人。

小测试 你的肌肤渴了吗?

你的肌肤是否已经“口渴”了呢?如果没有及时发现，可能会诱发各种严重的皮肤问题，赶紧来测试一下吧。

1. 脸部肌肤虽然看不见皱纹，但摸起来有粗糙感。
2. 触摸肌肤感觉缺乏弹性，眼周和两颊较为干燥。
3. 有时使用洗面奶或爽肤水后，脸部会有刺痛感。
4. 不用保湿霜，脸部马上就会感觉很干。
5. 嘴唇经常会脱皮，有时会裂开，手指顶端也会经常脱皮。
6. 上妆一定要用粉底液，如用粉饼，脸上就会浮粉不贴合肌肤。
7. 每次上完蜜粉及眼影时，会觉得肌肤痒痒的。
8. 从空调房内出来，总感觉肌肤皱皱的。
9. 每天喝的水不少，但还是感觉渴。

答“是”得1分，答“否”为0分。

A

0～3分：肌肤有偏干的趋势

目前的肌肤状态尚属健康，但是有转变为干性肌肤的趋势，要坚持做好日常的保湿工作。

B

4～6分：干渴肌肤

已经偏向于干性肌肤，需要使用保湿护肤品，及时为肌肤补充水分；同时应该多喝水，远离干燥环境。

C

6分以上：严重缺水肌肤

肌肤拉响了严重缺水的警报，除了日常保湿之外，还要增加面膜等深层保湿方式。总而言之，全方位深层补水保湿工作刻不容缓。

谁带走了肌肤的水分

要想彻底解决肌肤的缺水问题，只有从本质原因找起，才能抓住导致肌肤干渴的真凶，做好补水保湿的工作，从根本上改善肌肤的缺水状况。

肌肤水油失衡

肌肤具有自我调节水油平衡的能力。当肌肤调节能力失衡时，就会出现肌肤问题：如油性皮肤缺水引起干燥，主要是肌肤缺乏水因子；干性皮肤缺水引起干燥，主要是因为肌肤缺乏油脂来锁住水分。

干燥环境所致

干燥的办公环境，强烈的紫外线照射，被污染的空气……这些都有可能导致肌肤水分被夺走，从而使肌肤变得异常干燥。

清洁过度

选用清洁能力较强的洁面产品，或者过度频繁地去角质，都会导致肌肤表层越来越脆弱，使得原来正常的肤质逐渐偏干。

缺少及时滋润

人们在补水的同时，往往容易忽略滋润补油这一环节。其实油脂具有很强的锁水性，能防止水分蒸发。

从左至右起

↖ 雅漾去角质净柔磨砂凝胶、MISS FACE玻尿酸去角质霜、一朵左旋C—柔肤保湿喷雾

识别肌肤的干燥信号

身体一旦缺水，会慢慢地体现在皮肤状态上。当你发现这些信号在你身上出现时，就应该及时补水，让肌肤喝饱水分，恢复水嫩的莹润亮泽。

肌肤干燥的5个信号

1.两手掌轻触时，没有湿润感，而是感觉皱巴巴的。

2.观察手肘和手背，呈现出干燥、粗糙的状态。

3.观察小腿肚和膝盖部位，有干燥脱皮的现象。

4.背部时常有紧绷感。

5.洗澡过后，肌肤发红，有点瘙痒的感觉。

防止肌肤干燥的3大习惯

〔干燥环境要加湿〕

不管是办公室还是家中，开空调后难免会使空气中的湿度降低，甚至会带走肌肤表面的水分。因此，置身于这样的环境中，要放置水盆、摆放加湿器、种植植物等，以此增加环境湿度。

〔洗澡时间勿太长〕

洗澡过后是不是觉得格外干渴呢？这是因为洗澡时间过长、次数过多，把自动脱落的角质层和汗液混合的皮垢洗掉，使得细胞内的水分更容易蒸发，让皮肤变得干燥。

〔浴后要擦润肤乳〕

洗澡后皮肤会显得格外的细滑，之前的干燥现象似乎有所缓解。但不久之后，洗澡时蒸发掉的水分就将体现在皮肤表面。这时不要忘记涂擦保湿乳液，尤其是手肘、膝盖及脚踝等地方，让干燥部位得到充分滋养，防止水分流失。

混合性肤质

特别推荐

Skin Beauty

保湿方式肤质说了算

保湿的重要性人人都知道，但是在进行具体的保湿护肤时，决不能随随便便涂抹保湿霜了事，还必须根据自己的肌肤来决定保湿策略。

干性肤质

肌肤总是绷得紧紧的，很干燥，脸部细小皱纹多，秋冬脱皮现象尤为明显。所以拍上滋润型爽肤水后，最好使用质地浓稠、锁水能力较强的面霜。每周最好做一次补水、保湿的面膜以滋养肌肤。

油性肤质

油性肤质容易油光满面、毛孔粗大，并且时时遭到痘痘侵袭。日常护理时，要明白出油是肌肤缺水时发出自我保护的讯号，以促使毛孔张开，释放油脂来保护肌肤，从而导致油脂分泌过度。对于这样的肤质，深层清洁、控油紧致、补水呵护、保湿滋润一个都不能少。

敏感性肤质

敏感性肤质特别容易在换季时出现瘙痒不适感，最好选择针对敏感肤质的药妆保湿产品，不要病急乱投医。

混合性肤质

混合性肤质容易在T字区域冒油，两颊部位偏干燥。因此，护理时应针对不同的部位区别对待，做好相应的保湿工作，干燥的部位要保湿滋润，偏油的部位要补水呵护。

制定科学的补水计划表

女人天生就是水做的，因水而妩媚动人，因水而顾盼生辉。如果女人缺少了水分的滋养，就会失去应有的灵动和活力，慢慢地走向衰老。而空调环境、干燥的气候、电脑辐射、年龄的增长、代谢缓慢等因素，都会让女孩们的肌肤出现干渴状态，引发粗糙、无光泽，形成干纹等诸多问题。这个时候，给身体和肌肤补水当然是第一要务，但是如何科学地补水，你知道吗?

肌肤缺的仅仅是水分吗?

中干性肌肤的保养重点在于补水和保湿。对于这类肌肤来说，最大的敌人就是干燥，使用清洁能力过强的洁面产品、频繁去角质、防晒护理不当等外在因素，都会让肌肤缺水，失去原有的光泽。

很多人误以为肌肤缺水的补救方法就是补充化妆水等水剂产品，但用过之后才发现皮肤问题得不到根本的改善，有时甚至会变得更加干燥。其实，正确的补水并不仅仅包括补充水剂类护肤品，还包括了乳液和面霜等含有油脂的产品。油脂在皮肤上的作用是帮助锁住水分，平衡肌肤的缺水状态。如果保湿产品中没有适当的油脂，皮肤缺乏脂质的滋润，水分在皮肤上很快就会干掉，补充的水分就流失掉了。

***小贴士**

面膜注意事项

将面膜涂上后，用干净的湿毛巾或纸质面膜覆盖，可以帮助肌肤吸收水分和营养，又能阻挡空气中的细菌。

Water 制定科学的补水计划

1 早晨出门前7：30

在人们睡觉的时候，皮肤却还在不辞辛苦地进行着新陈代谢。因此，即使没有进行激烈的活动，早上醒来的时候仍然有可能出现“满面油光”的景象，甚至还有一点黏糊糊的。

在用洁面产品进行完清洁之后，应该为脸部补充爽肤水和保湿乳液，为“干渴”了一个晚上的肌肤补充营养，唤醒肌肤的活力，让人看上去精神焕发。

2 白天上班时10：30

上班的时候通常都免不了接触电脑的辐射和空调环境，它们都是导致肌肤干燥的罪魁祸首，除了多喝水，及时补充水分，最好能在办公室中准备一瓶保湿喷雾。它们一般都由天然的矿泉水或温泉水构成，并含有大量的矿物质，能对肌肤进行随时随地地补水滋润，舒缓肌肤的压力。

如果是需要化妆的女孩，在选择彩妆时，可以使用具有保湿功能的彩妆产品，瓶身上会注明滋润型的字样，可以在很大程度上避免化妆品对皮肤造成的伤害。

3 晚上回家后20：00

晚上回家后最好能够马上洁面，这是进行深度补水的重要前期准备，接下来的工作就交给补水面膜去完成。它能够集中供给肌肤充足的水分，让肌肤瞬间恢复嫩滑饱满，在很大程度上减轻肌肤的压力，缓解缺水症状。中干性肌肤可以选择滋润型的补水面膜，一周使用2～3次即可。

最后，在睡前可以使用专门保湿锁水的晚霜，给睡眠时期的肌肤以最重要的保护。

SKIN BEAUTY

Skin
办公室保湿护肤大作战

长期待在办公室的OL一族，似乎更容易面临干燥的威胁。一天下来，眼看着水灵灵的美女变成了脱了水的生菜，这都是缺水惹的祸。难道顶着这张干巴巴的脸和毫无生气的嘴唇去见客户吗？NO！所以，提前备好保湿高招，才能让肌肤彻底远离干燥危险。

高招一/清洁污染源

办公室的显示器、键盘、打印机都是辐射污染源，在此环境下，皮肤会因缺水而变得干痒，还会出现细纹。所以开机前建议用专用的抹布把显示屏、键盘和打印机擦一遍，除去上面吸附的灰尘。下班回家后，一定要对肌肤来个深层清洁。

高招二/绿植帮你挡辐射

工作繁忙，眼睛得不到放松和休息，干眼症、黑眼圈都会接踵而来。在办公桌上放几盆绿植，如仙人球、绿萝、吊兰等，既可以吸附空气中的灰尘，又能有效吸收电磁辐射，让双眼时刻水灵动人。

高招三/养颜花茶不可缺

上班时不妨多喝些绿茶、菊花茶、玫瑰茶等，这些茶水既养颜又补水，抗辐射效果也颇佳。

化妆水，清洁保湿两不误

化妆水，顾名思义是像水一样流动的液体，一般由水、甘油、柠檬酸等组成，主要用来为肌肤保湿，是清洁肌肤后必不可少的护肤产品。

使用化妆水的理由

化妆水兼具着为肌肤二次清洁和保湿的双重作用，既避免了面霜的油腻感，又能给脸部补充足够的水分，让脸部的水油恢复平衡；还能将多余的污垢与皮屑清除掉，并且软化角质层，让皮肤柔软、湿润，利于皮肤吸收养分。有的还兼具收敛毛孔、控油、保湿的作用。

化妆水使用步骤

Step1 倒化妆水

在化妆棉上倒入约一个硬币范围的化妆水。

Step2 提升颈部肌肤

握住化妆棉先从颈部开始擦拭，按照由下至上的顺序，提升颈部肌肤。

Step3 擦拭两侧的脸颊

将化妆棉翻一个面，慢慢擦拭两侧的脸颊，并轻轻地按压，带走脸上的残留污物。

Step4 擦拭 T 字部位

重新换一张化妆棉，蘸上化妆水，然后从上向下地擦拭T字部位。

Step5 清洁鼻子两侧

将化妆棉翻一个面，小心清洁鼻子两侧。

Step6 双手轻轻拍打脸颊

拍完化妆水轻抚脸庞，用手心温度让养分渗透肌肤底层。

三种水，不同肌肤对号入座

市面上常见的三种水：爽肤水、柔肤水和收敛水，应该选择适合自己皮肤的化妆水，胡乱使用反而会降低它们的护肤效果。

微碱性化妆水

也被称为柔肤水，它能溶解老化角质，帮助肌肤清除老化细胞，让肌肤感觉更清爽、更柔软。适用于一些肤色较为黯淡的干性和混合性肌肤。

微酸性化妆水

又被称为紧肤水、收敛水。里面含有酒精、薄荷醇等物质，能够降低肌肤表面的温度。对于毛孔粗大的油性、混合性以及痘痘肌肤有不错的调理、改善效果。

中性化妆水

能帮助肌肤保持水润，稳定肌肤水油平衡。

干性肌肤适用柔肤水；油性肌肤适用紧肤水；中性肌肤可以选用中性化妆水；混合性肌肤则可以在T区使用紧肤水，其他部位选用爽肤水或柔肤水；敏感性肌肤要选择无酒精、无刺激的化妆水。

***小贴士**

小心酒精

那些肌肤敏感或是皮肤较薄的女孩，要小心含有酒精的化妆水，最好选择成分更天然的产品。

保湿喷雾，随时唤醒肌肤活力

保湿喷雾属于肌肤外补水的方式之一，一般都由天然的矿泉水或温泉水制成，富含矿物质，能够随时为肌肤注入活力。对于这个补水“急救站”，选择和使用时可不是轻轻一按就OK，注意细节才能为补水加分。

矿物质的含量

矿物质真的是越多越好吗？实际上，保湿喷雾中的水分与皮肤进行活性交换的时间大概只有1分钟，当水分被蒸发掉之后，其中的矿物质成分将停留在皮肤的表面。矿物质含量越高，在皮肤表面留下的结晶就会越多，它们反而会吸走皮肤中的水分，造成肌肤脱水。

选择好用又实惠的喷雾

一款有效的保湿喷雾，它的喷射面积应该尽可能大，这样才能覆盖到脸部或颈部的各个区域，无需重复喷射；喷雾的水珠越小越好，这样雾化的效果就会比较高，有利于皮肤的吸收；喷射力强劲，有利于水分渗透皮肤，补水效果更加明显。

所有水都能制成保湿喷雾吗？

市面上常见的口碑较好的保湿喷雾，一般都是由皮肤科专用的活泉水制成，这样才能对肌肤起到真正的补水作用。很多自制的保湿喷雾在功能上和卫生上都难以达到理想的效果。

水分停留的时间

为了避免皮肤表面水分蒸发带走过多的水分，在使用喷雾1分钟左右，就应用化妆棉将水分轻轻吸去。这样既给了喷雾充分发挥作用的时间，又不会让它吸走皮肤本身的水分。使用时，将喷雾放置于离皮肤10~15厘米的位置，在与皮肤充分接触后（大概1分钟的时间），就应该用化妆棉进行擦拭。

Natural Mask

保湿面膜DIY，就是爱天然

皮肤在严重缺水的时候，当然不能忘记保湿面膜这个补水好帮手。用惯了商场中的各类保湿面膜，偶尔也要给肌肤换点新花样。用天然食材制作面膜，给予肌肤最自然最健康的呵护吧。

适用于任何肤质。

芦荟橘汁保湿面膜

美肤功效 能在肌肤表面生成很薄的透明保湿膜，使肌肤吸收水分与养分，并且能有效阻止水分蒸发和滋润肌肤，适用于任何肤质。

|材料| 鲜芦荟1片，维生素E1粒，柑橘汁、面粉各适量。

|做法| 将芦荟洗净，去皮，捣成泥状；把维生素E、柑橘汁、面粉倒入芦荟泥中调匀。

|使用方法| 洁面后，将调制好的面膜涂抹在脸上，避开眼睛及唇部周围肌肤，约20分钟后，用温水洗净即可。

适用于任何肤质。

香蕉蜂蜜滋润面膜

美肤功效 香蕉具有极好的滋润效果，添加蜂蜜后能够给予肌肤充分的营养与滋润，并具有补水保湿作用，适用于任何肤质。

|材料| 香蕉半根、蜂蜜适量。

|做法| 香蕉去皮，放入容器中捣成泥状；将蜂蜜加入香蕉泥中，搅拌均匀。

|使用方法| 洁面后，将面膜均匀地敷在脸部，约20分钟后，用清水彻底冲洗干净即可。

西瓜蛋黄保湿面膜

美肤功效 西瓜的含水量丰富，并且质地清凉；蛋黄中的蛋白质含量较高，具有良好的滋润效果。两样食材搭配使用，能让肌肤更加润滑。而且，剩下的蛋清不要浪费，还可以敷在脖子和手上，同样有很好的润肤效果。

| 材料 | 西瓜1块、蛋黄1/2个、面粉适量。

| 做法 | 将一小块西瓜的瓜瓤去除，去子后捣碎，加半个蛋黄搅拌均匀；然后缓缓加入面粉，搅拌呈膏状。

| 使用方法 | 将面膜均匀地涂于脸部，大概10分钟左右，然后用清水洗净。

打造水润玉手的必备法宝

手是女人的第二张脸。有些女孩的脸蛋白嫩滋润，却不小心伸出一双干巴巴、纹理粗糙的手，难免会大煞风景。生活中许多工作都离不开双手，所以双手更容易变得干燥粗糙。保湿就要全方位，怎能错过了双手呢？

四季必备护手霜

一年四季都应使用护手霜。其中经常做家务的人会接触过多碱性物质，最好能涂抹含有维生素E、天然胶原的护手霜；在办公室工作的人，要涂抹富含保湿因子的滋润型护手霜；如果夏天需要在外工作，要涂抹含有防晒成分的防护型护手霜，给予手部最全面的保护。涂抹的时候最好能够结合手部按摩，以便加速血液循环和新陈代谢，促进手部皮肤吸收护手霜里的保湿成分。

手套帮助远离伤害

橡胶手套是很好的护手工具，能隔绝化学物质的伤害。此外，不要把手长时间浸泡在水中，因为出水后，干燥的空气会把手上的水分带走。

定期做手部护理

坚持一个月做一次手部去角质，去除手部死皮，然后涂上手膜，让双手吸收更多的营养。

细心呵护，“足”够娇嫩

虽然双脚每天藏在袜子和鞋子里，但不代表它不需要保湿呵护。想拥有一双纤纤嫩足，在日常生活中，还应注意下面的三个保养细节。

温水精油来养足

要护理好足部，除了用温水浸泡，还要在温水里添加植物精油。既然是保湿，那么芦荟、玫瑰、茉莉等精油都可以添加。如果你能坚持每天把双脚浸在加有植物精油的温水中泡10分钟，足部皮肤会变得越来越细嫩。若配合专门的脚部精油，滴在脚上按摩，连死皮、厚茧都会悄悄离你而去。

***小贴士**

在对足部的保湿呵护过程中，注意千万不要使用过烫的水，否则会带走足部的水分，还可能让足部变黑。

足部死皮大扫除

足部容易堆积死皮，最好每周清除一次。最佳去死皮时间是在泡脚之后，此时脚部的皮肤已泡得很软，可以选择专用磨脚石磨去死皮，再涂上保湿滋养霜即可。

做个脚膜倍加滋润

先给两只脚涂上一层凡士林，然后用保鲜膜包上，20分钟后揭开，再涂上一层，最后穿上棉袜睡觉。坚持每周做一次，干燥的足部皮肤会变得柔滑细腻。

别忘了隐藏的保湿死角

完美的保湿大计，怎么能忘了隐藏在皮肤上的边边角角？独特的“地理位置”让人们总是忘记这些地方的存在，不管是在清洁，还是在涂抹保养品时，都只是不经意地“带过”，没想到却变成了影响皮肤健康的死角。要知道，它们也需要你的特别护理。

NO.1 眼角

眼睛是最容易泄露年龄秘密的地方，所以眼霜非常重要。年轻肌肤应选择富含水分的滋润清爽型眼霜，不会给眼部肌肤带来额外的负担；而熟龄肌肤则应该在保湿的基础上，选择具有抚平细纹等功效的眼霜产品。在涂抹时应注意：内眼角位于脸部的凹陷处，而外眼角处于脸部的边缘，因此一定要照顾周全。

NO.2 鼻子

鼻子的皮脂腺分布密集，即使是干燥肌肤也会分泌大量油脂，也容易因护理过度而变得干燥脱皮。因此，鼻子的保湿重点既要清爽无油，又要保持水润。除了注意将鼻子上部、鼻翼两侧都照顾到以外，还可在鼻子上使用较为清爽的面霜。

NO.3 眉心

眉心位于脸部T区内，很容易出现水油失衡，再加上人们在涂抹面霜时，很容易因为要避开眼周而将这个位置也一并忽略掉，所以眉心容易因缺水而脱皮。要记住在涂抹面霜和乳液时，特地补充涂抹眉心部位，不要让保湿留下空白区域。

NO.4 颈部

颈部最好的保湿办法就是使用颈霜，不仅可补充水分，也能解决颈部细纹等岁月问题。按摩的手法是由下至上，一直到下颌处，能够减少颈部横纹和肌肤松弛现象，可谓是一举多得。

唇部保湿细节要牢记

羡慕那娇嫩欲滴的双唇吗？当嘴角微微上扬，嘴唇轻轻嘟起，小小的动作都无不撩人心弦。嘴唇为女人的性感和美丽加分不少，但在保养的时候却总是被人遗忘，总以为只要擦一下润唇膏就可以满足唇部所有的“需求”。这样一来，嘴唇可就不乐意了，唇纹、开裂、脱皮……一系列的唇部问题告诉你，唇部保养没有那么简单！

关注脆弱的唇部

人的嘴唇其实是很脆弱的部位。唇部的皮肤没有角质层，这就相当于缺少了一层保护层，使嘴唇处于不设防的状态。当空气湿度下降时，便会首先带走唇部的水分，使嘴唇出现开裂、脱皮等问题。特别是在秋冬季节，表现得尤为明显。所以，双唇要保持水润娇嫩，应该从细节入手，给予它最周全的保湿呵护。

唇膏的作用简单即可

现在市面上销售的唇膏多种多样。不仅在外形上有盒装的、管状的，而且各种味道一应俱全，可以满足大部分女生的喜好。人们在购买时往往会被唇膏美丽的外表所吸引，却将唇膏最基本的功能忽略了。

***小贴士**

别忘用唇膏打底

使用唇彩技巧，最好用润唇膏打底，这样可以防止唇部水分的流失，减轻脱皮的情况。

唇膏的首要作用是滋润。所以如果是单单作为保湿用品来使用的话，选择一款含有甘油等基础滋润成分，具有水合作用的唇膏即可，而并不是成分越复杂、功能越多越好。

嘴唇干了不要舔

在干燥的环境中，很多人会习惯性地用舌头去舔嘴唇，缓解嘴唇干燥的感觉，其实这种做法是错误的。舔嘴唇只能保持暂时的滋润，唾液中含有淀粉酶，它的水分蒸发后，会让嘴唇更加干燥，甚至有可能因此将唾液中的细菌带入嘴唇裂缝中引起感染，形成舔疮。

干裂后的去死皮护理

如果嘴唇已经出现开裂或是脱皮现象，千万不要用手去撕扯死皮，这样有可能会加重唇部的问题。在睡觉之前，用一条热毛巾敷在嘴唇上3～5分钟，用柔软的唇刷轻轻刷掉唇上的死皮，并抹上一层厚厚的润唇膏，最好是含有甘菊、金盏花或蜂蜜等滋润成分的唇部保养品。

也可以自制一些唇膜，给嘴唇来一个特殊的护理。把蜂蜡、蜂蜜和天然植物油一起放到碗里，用微波炉加热1分钟，再倒入罐子里，加入乳化剂后摇晃均匀，凉凉后就可以使用了。将调制好的护唇蜜随时涂抹于唇部肌肤，20分钟后洗净，寒冷干燥的季节可每天1次。蜂蜜能保湿滋润唇部，使唇部显得柔亮而有光泽，尤其对那些常年干燥的嘴唇，非常有效。

唇部保湿选对时间

在出门前，可涂抹一些具有滋润防晒作用的唇膏，能够让嘴唇在面对外界的干燥、污染的环境时，起到自我保护的作用；在涂抹唇部彩妆之前，先用滋润型的唇膏打底，可为唇部补充水分，加强对唇黏膜的保护；在沐浴后，唇部的水分也会有一定程度的丢失，但此时唇部的血液循环良好，适宜使用含有维生素C、维生素D和维生素E等成分的唇膏，对双唇有保湿修复的作用；而在食用完食物，或进行长时间交谈后，应该随时进行补涂。

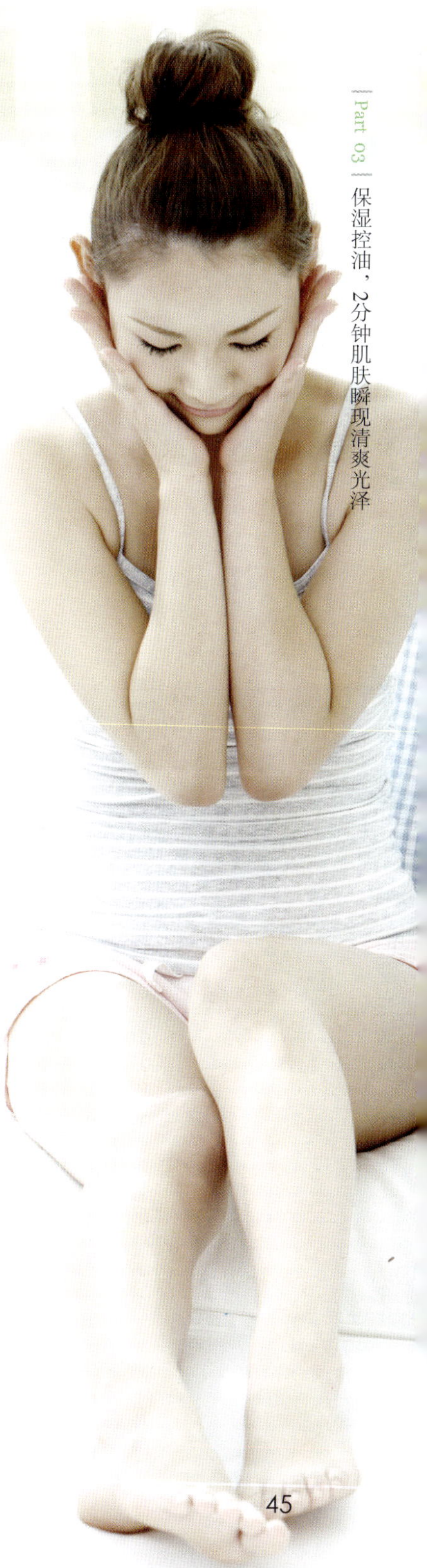

滋阴，由内而外增加肌肤水感

真正的美丽总是由内而外的，一个水做的女人也不应该仅仅做到让身体的表面充满水分，而是应该从身体内部的调理出发，让水分从身体里面透出来。

按照中医的说法，要想身体不缺水，重要的一步就是滋阴。很多皮肤问题，例如干燥、长痘等，并不是因为阳气太盛，而是由于阴气不足，表现出来就是火气旺。那么，首先就要了解，究竟是哪些东西损耗了身体的水分。

它们损耗了身体的水分

重口味的食物如八角、花椒、葱、姜、蒜等，会让身体的水分消耗掉很大一部分；有些零食，尤其是油炸或烧烤类，会拼命吸收身体里的水分。这些都是造成身体缺水的原因之一。还有一点，那就是心情，愤怒、抑郁、悲哀等情绪产生之后，也会需要身体动用中气去中和它，这样会大大损耗身体的阴气。

滋阴益气，自然留住水分

要想让身体里总是充满水分，首先就得补充阴气，也就是滋阴。一方面，要少吃那些煎、炸、烤的食品，多采用蒸、炖、煮的烹饪方式，有利于保持食物的水分，增加身体水分的摄入；另一方面，多食用润肺去燥的食物，例如蜂蜜、雪梨等，以及富含维生素的猕猴桃、香蕉等水果，也能帮助改善体质，增加皮肤吸收水分的能力。

如果食疗已经无法解决阴气不足的问题，也可以适当地用一些滋阴的中药，例如百合、生地、怀山药、沙参等。在咨询了医生的情况下，可以将其煎服，或是和鱼、鸭等食材一起煲汤食用。平时在办公室，喝一些苦丁茶、清茶等同样可以起到滋阴益气的作用。

Natural Mask

美食DIY，水润透出来

保湿不仅是皮肤表面的补水，身体内部也需要水的滋润。下面两道养生美味，能以内养外，让水润透出来。

百合莲子瘦肉汤

美肤功效 百合、莲子都是滋阴补血的上等食材，能滋阴润肺、清热养胃，是滋阴养颜的首选。

| 材料 | 干莲子、百合、瘦肉、姜片、盐、淀粉、食用油等。

| 做法 | 先将瘦肉用淀粉、盐、食用油腌制；在沙锅中放入姜片、去芯莲子烧开；加入瘦肉大火煮开，然后放入百合，加盐调味即可。

枸杞粥

美肤功效 中医很早就有“枸杞养生”的说法，枸杞历来就被认为是女人进行滋补的上品。

| 材料 | 枸杞、大米。

| 做法 | 首先将枸杞与大米洗净，然后一起放入沙锅，再加入适量的清水，用大火烧开，然后转为小火熬煮30分钟，即可出锅。

山药饼

美肤功效 山药不仅能益气养阴、降糖降脂，还可以作为减肥时的充饥食物。

| 材料 | 面粉、鸡蛋、山药（干）、葱、盐、香油各适量。

| 做法 | 将山药研磨成粉状，与面粉搅拌均匀后，加入去了壳的鸡蛋，继续搅拌；放入切成细末状的葱、盐和香油少许，和成面团状；待锅中油热后煎成饼状即可。

控油祛痘 与"痘"脸说拜拜

油光和痘痘总是形影不离，如何与它们"划清界限"呢？

认清痘痘的真面目

脸部油光满面、痘痘肆虐，是很多女孩的烦恼，满脸的小疙瘩让魅力值直线下降。要想快点摆脱它，只有做到知己知彼，才能百战百胜。

痘痘的种类

青春痘：也叫痤疮，主要发生在青春期。它主要是由于体内激素分泌过多，皮脂腺过于旺盛，大量分泌油脂，使污物堵塞毛孔引起的皮肤问题。

成人痘：又称为"后青春期痘痘"，常见于22～30岁的混合性肤质。成人痘的出现不分季节，且多生长在下巴、嘴角附近的U形区。它主要是因为环境压力过重、作息颠倒、不良的饮食习惯等导致内分泌失调所致。

痘痘的形态

白头型痘痘：这是痘痘的早期症状，代表肌肤代谢能力刚刚开始下降，通常生长于下巴、额头处，看起来像一颗颗小白米粒，微微凸起于皮肤上。

红肿型痘痘：常见于痘痘发展期。由于毛孔无法正常排泄肌肤废物，肌肤代谢能力持续下降，表面污垢堆积，让细菌有了可乘之机，引发了局部红肿。

脓包型痘痘：是炎症进一步恶化的表现，也是痘痘的终极表现形式。肌肤表面形成了丘疹，内部开始慢慢化脓。外观红肿不堪，中心还有白黄色脓包。

油性痘肌的日常抗痘方案

痘痘是油性肌肤女孩常有的烦恼，如果没有用正确的方法及时解决，常常会使痘痘越来越严重，或者留下可恶的痘印。因此，在日常生活中就应该做到未雨绸缪，从一开始就杜绝痘痘的产生。

彻底清洁

不干净的皮肤是滋长痘痘的温床，只有日常清洁工作做到位，才能有效避免痘痘的产生。所以，每天回家后务必卸妆，保持每周去一次角质或做一次清洁面膜，使肌肤时刻呈现干净清爽的良好状态。

正确护理

选择护肤品时应根据肤质有针对性地选择使用。通常油性或混合性肤质容易长痘痘，应考虑控油保湿的乳液护肤品，抑制油脂分泌。

注意个人卫生

皮肤较油的女孩要注意多洗头，以免头皮上的油性物质加重脸部痘痘的状况。平时还要定期更换干净的床单、被套、枕巾，以防螨虫滋生。

睡眠充足

每天的睡眠时间应保证有8小时，同时最好在晚上11点前睡觉，切忌熬夜，以利于内部器官排毒与休息。

保持良好情绪

情绪不稳定、心情糟糕时更容易导致内分泌失调，所以时常保持开心、乐观、自在的心情，也有助于解除痘痘的烦恼。

SKIN BEAUTY

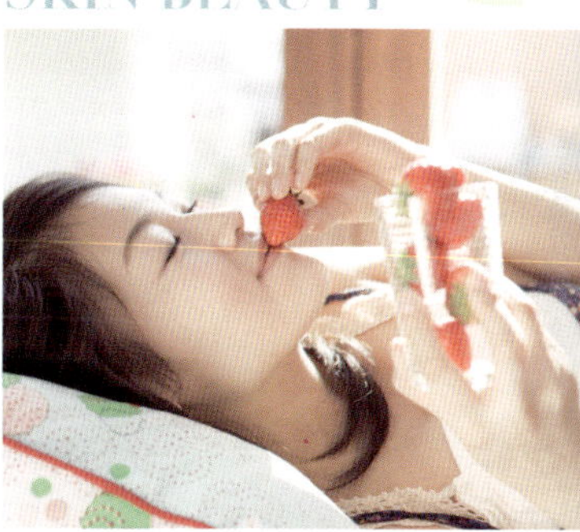

贪吃爱玩族的消痘小秘诀

痘痘的产生，与身体状态有着非常密切的关系。肝火太旺、营养过剩以及毒素累积等，都有可能造成痘痘的疯长。可是，都市女性的生活越来越丰富多彩，工作应酬、朋友聚会等活动，总免不了带来饮食和生活的不规律，给痘痘以可乘之机。既然无法避免，那就应该做好预防措施，不给痘痘闯入的机会。

TOP 01 吃火锅？加点柠檬片吧

热气腾腾的火锅受到众多年轻人的追捧，看着火辣辣的调料和琳琅满目的火锅食材，总忍不住多吃一点，结果第二天就只能顶着满头包去见人了。因为火锅中含有大量的花椒、辣椒以及其他辛辣的调味料，它们都是长痘的罪魁祸首。如果实在抵挡不了火锅的诱惑，那就在火锅的底料里加入少许的柠檬片吧。不仅能够减少油辣的刺激，也能预防痘痘的产生。

TOP 02 泡吧后，别忘了做睡前护理

泡酒吧是很多女孩在工作之余放松自己的方式。但是酒吧的空间通常比较小，空气不流通，加之烟草、酒精的腐蚀作用，长痘痘在所难免。而且泡吧回家后一般已是深夜，大多数人在筋疲力尽的情况下常常是简略清洁后倒头就睡，这样，化妆品中的有毒物质会渗入到皮肤中，给了痘痘生长的机会。

因此，在夜生活之后，不管回家多晚，一定要做好彻底的皮肤彻底清洁工作，注意补水及滋养，第二天才会恢复肌肤的光彩。

TOP 03 赶时髦，也要让皮肤正常呼吸

时尚女孩总在追赶潮流，比如BoBo头，将前额的头发梳成了厚厚的齐刘海。这样严重影响额头皮肤的正常呼吸，额头总是处在出油状态，痘痘也就随之滋生。如果是爱冒痘的肌肤，一定要将刘海梳开，以免痘痘更加严重。

4个误区让痘痘不消反长

痘痘是美丽的天敌。为了赶走烦人的痘痘，女孩们想尽各种方法，各种招数轮番上场后，但祛痘的效果常常并不理想。这时候不妨仔细回想，在你的“战痘”过程中，是否不小心走进了误区呢?

● 滥用护肤品

痘痘本身属于肌肤炎症，所以使用护肤品时要尤为注意，在痘痘已经出现的时候，不能再使用磨砂膏和收敛水。磨砂膏的强劲按摩作用很容易刺激表皮肌肤，加速皮脂腺的分泌；而收敛水会收缩毛孔，让原本堵住的毛孔变得更小，不利于肌肤呼吸。

此外，在痘痘肆虐期间，化妆品更应该尽量少用，因为它们不仅会堵塞毛孔，若是卸妆不彻底，还会阻碍痘痘康复。

● 触摸挤压痘痘

有些人喜欢用手触摸痘痘，殊不知，这样做很可能让痘痘问题更加严重。如果直接用手触碰患处，就会将手上携带的细菌带到皮肤上，从而加重炎症。

所以，千万别盲目用手或工具去抠、挤或挑破痘痘。没有经过清洁程序的双手或工具会让细菌直接进入痘痘，容易造成伤口感染，甚至还会留下难以治愈的痘疤。

● 刺激性食物不忌口

痘痘肌肤的人要尽量避免食用辛辣、油炸、高热或含有色素以及添加剂的食物，这些食物会进一步恶化痘痘肌肤。

● 急功近利使用祛痘药品

痘痘的成因非常复杂，乱用祛痘药品，可能会对皮肤造成新一轮的伤害。一般来说，祛痘最好以饮食内调和护肤品外用为主，对于药品则要在医生指导下才能使用。

紧急祛痘大法，快速拯救痘痘脸

马上就要去见重要的客户、和男朋友的约会时间近在眼前、离上舞台的时间只有一点点……关键时刻，怎么能让痘痘来搅局？紧急祛痘的小方法能帮助你快速平复痘痘，让痘痘“去无踪”。

冰敷法

Step1 冰毛巾敷脸

把专用洗脸毛巾放在冰箱冷冻几个小时后，敷在洗净的脸上。这样能起到收敛、镇静肌肤的效果，缓解痘痘的红肿情况。

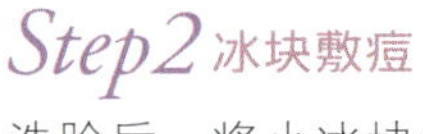

洗脸后，将小冰块涂抹在红肿的痘痘上面，可以有助于消炎镇静。

Step3 冰水收敛

清洁面部后，在清水中加入冰块，用冰水反复冲洗脸部，能收敛毛孔、镇静痘肌。

痘痘贴

痘痘贴主要用来处理已破并且已经清理干净的痘痘。它的材质有点类似于人工皮肤，可以预防细菌感染和发炎，同时还能平复痘痘，并且减少痘疤的形成。

值得注意的是，在痘痘刚起来，还在红肿发炎时，不要使用痘痘贴，否则会加速红肿程度。在撕扯痘痘贴的时候，还有可能把表皮弄破，反而留下疤痕。

痘痘针

大颗的囊肿型痘痘往往集中在一起，红红肿肿的一大块非常难看。这个时候应该找专业的皮肤科医生打痘痘针抗菌消炎，打在一整块痘痘中间，但是又不能戳到痘痘，而且要严格控制剂量，否则有可能会让皮肤变薄。

祛痘印偏方，“痘”过不留痕

恼人的痘痘走后，常常还会在脸上留下红色或黑红色的痘印，有些痘印甚至累月不消，令人懊恼不已。此时不妨使用一些天然材料，对于痘印有很好的去除作用。

芦荟黄瓜祛痘印

芦荟和黄瓜都有消炎的功效。将新鲜芦荟去皮切成小片敷在痘印上，能修护肌肤、淡化痘印；黄瓜则可以去皮榨成汁，洗完脸后抹在脸上，经过大约20分钟后再冲洗掉，不但可以去除痘印，还可以起到美白肌肤的效果。

马齿苋草祛痘印

把马齿苋草捣碎榨成汁，直接涂在有痘印的地方，或加上蜂蜜调匀当面膜使用，去除痘印的效果十分显著。

苹果片祛痘印

把苹果切成片，然后用热水浸泡片刻，等苹果片变软后拿出，稍凉后再贴到脸上有痘印的地方，每周坚持2～3次，即可达到去除痘印的效果。

珍珠粉祛痘印

将一个生鸡蛋的蛋白和适量的药用珍珠粉混合，充分搅拌均匀后，像涂面膜一样涂于脸部，尽量涂厚一点，15分钟后洗掉，一周做2次，可有效去除痘痘和痘印。

红糖祛痘印

用洁面产品将面部清洗干净后，将一小勺红糖放在掌心，加适量水调和，将红糖水涂于脸部，然后从下往上、从内到外进行按摩，10分钟后用清水洗净。

经期痘痘请走开

随着“好朋友”的每月按时到访，经期痘痘也会如约而至。这些恼人的痘痘们总会在月经前的一周准时到来，分布在脸部、脖子和下巴等部位，直到月经结束后一周左右才会消退。这是因为在月经期间，雌激素分泌旺盛，过多的激素在无法消耗的情况下，只有通过表皮释放出来。这时候油脂也会溢出，故而形成痘痘。面对疯长的痘痘们，应该如何应对呢？

平衡内分泌

激素无法消耗通常是因为内分泌失调。既然它是引发痘痘的主要诱因，当然就要从调理内分泌入手。不仅要进行饮食的调理，维生素E也是帮助肌肤对抗内分泌失调的好帮手。每晚临睡前，在彻底清洁肌肤后，将维生素E胶囊中的液体涂抹在脸上，早上起床的时候将其洗净，可以帮助保养皮肤。

从左至右起

↑片仔癀祛痘活肤膏、薇姿油脂调护系列净肤收敛水

积极排毒

痘痘的产生其实也是身体排毒的一个标志。当身体的毒素过多，又找不到排出路径时，自然就会通过痘痘释放出来。因此，定时进行身体排毒，也是一个预防痘痘产生的好方法。

可以尝试用珍珠粉敷面，利用珍珠粉解毒生肌、抑制油脂等功效，帮助肌肤排毒。将珍珠粉加适当比例的水调匀之后，敷于脸上，一周使用一两次即可。

加强控油

如果能控制皮肤表面的油脂分泌，就能够抑制痘痘的产生，因此在月经时要更加注意肌肤的保湿控油。挑选一款适合自己的具有调理油脂功效的控油保湿霜，在月经来临前的一个星期就坚持使用，便能在一定程度上缓解经期痘痘的产生。

***小贴士**

好习惯让痘痘走开

1.经前要少吃辛辣多油的刺激性食物，以免成为痘痘爆发的导火索。

2.避免熬夜，保证睡眠才能让肌肤得到充足的休息。

用对属于你的控油爽肤水

炎热的夏季，常常是人们油脂分泌异常旺盛的时节。不管是在室内还是室外，一张泛着油光的脸总会让人心情沮丧。解决满面油光的问题，自然就成了许多女孩的头等大事。

经常保养的女孩一定知道，要想控油，补水是关键。但很多的补水产品本身质地就比较油，用在脸上非常不适。幸好这个世界上有个叫做控油爽肤水的东西，能够解决控油和补水的双重问题。对于爱出油的人来说，这是夏季最好用的护肤品！只是，要选择一款效果突出的控油爽肤水，你的方法正确吗？

Point 1 控油爽肤水的功效

化妆水通常都具有再次清洁的作用，而控油爽肤水在清洁皮肤的基础上，还添加了吸油粉末或一些控油成分，不仅能够深层清洁毛孔中的油脂和污垢，更能有效地抑制T区出油的问题。

它虽然含有控油的成分，但是仍然延续了爽肤水清爽的优点，并同时具有镇静肌肤、缩小毛孔等收敛功效。

Point 2 控油爽肤水的挑选

挑选一款适合自己的爽肤水，不能只是道听途说，更不能盲目地迷信品牌，一定要自己当场进行鉴定，才能挑选出一款最适合自己的产品。

在选择控油爽肤水时，其产品中的酒精含量往往成为决定是否购买它的主要因素之一。很多控油爽肤水中都含有酒精成分，因为它能够在肌肤的表面迅速地挥发，带走体表的热量，使毛孔收缩而起到控油收敛的作用。但是酒精的缺点在于很容易对皮肤产生刺激。一些皮肤敏感或是皮肤脓包已经开始溃烂的人不宜使用。

闻

摇

触

使用

左边

↖安蒂娅乳木果胶原美白保湿爽肤水

闻

爽肤水的味道一般都十分清淡，如果打开瓶盖后能闻到明显的酒精味道，或是刺鼻的香味，说明里面的酒精浓度较高。建议易过敏的人不要选用。

摇

不要顾忌周围人异样的眼光，拿起瓶身狠狠地摇吧。一瓶好的爽肤水摇完之后一定会产生细腻丰富的泡沫，浮在瓶内厚厚的一层，而且久久不会消失；如果泡沫很多很大，说明其中含有水杨酸，有一些对这种成分过敏的人不宜使用；原本泡沫很多，但是消失得很快，那就说明里面含有酒精。

触

取适量的爽肤水倒在化妆棉上，然后轻拍在手上，如果有明显的清凉感，则说明酒精成分较多。

Point 3 如何使用控油爽肤水

做完脸部清洁工作后，用控油爽肤水浸湿一小块化妆棉，将其轻轻地涂抹在面部及颈部，特别是对容易出油的区域，应该反复拍打大约1分钟，使得爽肤水中的控油成分能够迅速地进入皮肤的毛孔中。

Natural Mask

祛痘面膜DIY，平滑美肌速成

祛痘面膜的作用在于吸附脏物，收敛毛孔，让肌肤恢复细致嫩滑。其实运用天然食材就能制作清洁面膜，这些天然材料的精华不仅能防止痘痘生成，而且能起到镇静消炎的作用。

香蕉奶酪清肤祛痘面膜

美肤功效 此面膜能有效防止痘痘的生成，并清除面部多余油脂。

｜材料｜香蕉1根、奶酪1勺。

｜做法｜将奶酪和香蕉放入搅拌机中，搅拌成糊状即可。

｜使用方法｜洗完脸后，将面膜均匀涂抹在脸上，15分钟后用温水冲洗干净即可。

绿豆粉祛痘面膜

美肤功效 此面膜能消除痘痘，淡化痘印，还能美白细嫩肌肤。

｜材料｜绿豆粉1大匙、蒸馏水适量。

｜做法｜将绿豆粉放入面膜碗里，然后把蒸馏水倒入绿豆粉中，搅拌均匀即可。

｜使用方法｜洁面后，将调好的面膜均匀地敷在脸上，15～20分钟后，用温水洗净即可。每周可使用2～3次。

胡萝卜白芨祛痘面膜

美肤功效 去除痘痘和面疱，还能有效去除痘印。

｜材料｜胡萝卜1/3根、橄榄油10滴、白芨15克。

｜做法｜把白芨研成细末；胡萝卜洗净后去皮，放入搅拌机内打成泥。将白芨末、胡萝卜泥和橄榄油放入碗中搅拌均匀即可。

｜使用方法｜温水洁面后，取适量面膜均匀涂在面部，20分钟后用温水洗净即可。

白芷白蘚祛痘面膜

美肤功效 此面膜能消炎祛痘，有活血祛风、排脓消肿的功效。

|材料| 白芷50克、白蘚皮20克、硫黄粉10克。

|做法| 将白芷和白蘚皮洗净烘干，研成极细的粉末，再加入硫黄粉混合均匀，用凉开水调成糊状待用。

|使用方法| 睡觉前，涂于脸部有痘痘的地方，清晨用温水洗去。

满面油光，控油方法对号入座

每到夏季，肌肤就会“水”田变“油”田，不仅会出现满面难看的油光，而且可恶的痘痘也会不请自来，让肌肤惨不忍睹。要想和“油”战斗到底，光有斗志可不行，首先要瞄准肌肤类型，才能做到准确出击。

从左至右起

↖Avene雅漾祛油保湿精华露、VICHY薇姿油脂调护修护晚霜、OLAY玉兰油矿物控油深层洗颜泥

油性肌肤：全面控油

原本就油汪汪的油性肌肤，一到夏天“油光”就更加泛滥成灾，痘痘更是此消彼长，吸油纸用起来就像无底洞，还会让肌肤越来越油……只有控油和肌肤调理“双管齐下”才能拯救出油的肌肤。

首先运用含有金缕梅等有效控油成分的产品，令肌肤减少油脂分泌，然后再使用含有果酸、乳酸等成分的产品去除角质，使角质层恢复正常的代谢，最后每周可以配合使用深层清洁的面膜，让肌肤享受全面控油待遇，清爽一夏。

缺水性肌肤：以“水”换“油”

缺水性肌肤并不等于是干性肌肤，而是一种年轻肌肤容易出现的暂时肤质。由于缺乏水分导致油脂分泌旺盛，呈现出外油内干的状态。如果采取和油性肌肤一样的控油方法反而会加重皮肤问题，甚至引起脱皮现象。改善缺水肌肤的油性状态，就必须补充大量的水分，让角质层水分充盈，然后使用温和成分的护肤产品，使皮脂分泌恢复到正常水平。

混合性肌肤：分区治理“油”田

混合肌肤的控油问题是最难解决的，因为单一护肤品根本不可能满足整张脸的护肤要求。简单的保养反而只会让T区更油，让U区更干。

唯一的办法就是将T、U两区分开处理：T区使用控油爽肤水或是清爽乳液；而U区则要加强补水，防止演变成缺水肌肤。

敏感性肌肤：越特殊越温柔

敏感性肌肤也会出现出油问题，最好是选择不含酒精的护肤品，没有添加防腐剂或专门针对敏感性肌肤的药妆就比较适合。它们的成分往往十分温和，循序渐进地使用就能够帮肌肤恢复水油平衡。

控油面膜DIY，做清爽无油美人

面膜大军里怎么能少了控油先锋的身影，油腻腻的夏天里，还原一个清爽净透的肌肤，控油面膜是最好的助手。但是这种面膜通常价格昂贵，再加上油脂分泌源源不断，购买成本也会很高。事实上我们身边就有许多食材，它们含有的成分能够帮助肌肤缓解油脂分泌，促进水油平衡，动手来试一下吧。

蜜制番茄控油面膜

美肤功效 番茄中的番茄红素和奶粉的营养对肌肤有很好的滋养作用，不仅能够平衡油脂，还有清洁、美白和镇静的效果，同时还可以去除老化的角质。适合油性肌肤的人使用。

| 材料 | 成熟的番茄1个（中等大小）、奶粉或面粉2大匙、蜂蜜2茶匙。

| 做法 | 将番茄用勺子完全捣烂，然后将奶粉（或面粉）和蜂蜜加入捣烂的番茄中，充分搅拌成糊状。

| 使用方法 | 脸部清洁完毕后，将面膜均匀地涂抹于脸上，特别是T区容易出油的部位可以多涂几层，并稍加按摩，10分钟之后将其清洗干净即可。

蛋清绿豆粉净肤控油面膜

美肤功效 蛋清能够调节油脂分泌，质地温和，可以有效地收敛和改善粗大的毛孔；绿豆粉含有的碱性成分具有超强的洁净和保湿效果，去除多余的油脂，而且能给肌肤补充足够的水分，给肌肤造成一层天然的保护屏障，锁住水分，阻挡油脂。

｜材料｜蛋清1个、绿豆粉适量、滑石粉少许。

｜做法｜将所有的材料倒在一个小碗里面，然后充分拌匀即可。

｜使用方法｜把调好的面膜均匀地涂抹于脸上，注意要避开眼睛周围，敷15分钟后用清水洗去即可。

红豆粉酸奶控油面膜

美肤功效 红豆粉的细微颗粒可以充分渗入毛孔中，清除脏污，还能按摩肌肤，使肤色白里透红；酸奶也会使脸色更加光亮润泽。

｜材料｜纯酸奶2小匙、红豆粉10克。

｜做法｜将所有的材料倒在一个小碗里面，然后充分拌匀即可。

｜使用方法｜洁面后，用热毛巾敷脸，将面膜均匀地涂在脸部，20分钟后，用清水洗净即可，每周2～3次。敏感性肌肤慎用。

***小贴士**

夏天使用的时候可以将制好的面膜用保鲜膜覆盖，放到冷藏室中，取出后再涂抹至脸上，具有良好的镇静肌肤的效果。

Natural Mask

排毒饮品DIY，痘痘去无踪

要想给肌肤排毒，从内而外的调养也很重要，下面就来看看这些饮品，能在你享受美味的同时，让肌肤轻松排毒。

果奶燕麦羹

美肤功效 燕麦能清理肠胃，帮助排毒，有利于去热和消痘。

｜材料｜ 奶酪1片、蜂蜜2勺、燕麦片3勺、苹果1/2个。

｜做法｜ 将燕麦片放入沸水中拌匀，用大火煮至羹状。苹果洗净，去皮、核，切成小块，倒入榨汁机中榨汁。将苹果汁、奶酪、蜂蜜加入燕麦羹中调匀即可。

｜使用方法｜ 连续饮用3个月。

茉莉美肤茶

美肤功效 此款茶饮能舒缓肌肤、增强肌肤弹性、消除疲劳，还能缓解肠胃不适等症状。

｜材料｜ 茉莉花3克、丁香5粒、柠檬汁10毫升、蜂蜜30毫升、柠檬皮适量。

｜做法｜ 将柠檬皮洗净，切丝。将茉莉花、丁香放入茶壶中，倒入沸水闷泡3分钟。加入柠檬汁、蜂蜜、柠檬皮，充分拌匀饮用即可。

｜使用方法｜ 可代茶饮。

黄连绿茶祛痘饮

美肤功效 这道饮品能清除体内燥热，改善红肿有脓的痘痘，并抑制细菌的滋生，消炎、消肿作用极佳。

｜材料｜ 黄连、绿茶、鱼腥草各5克。

｜做法｜ 将上述材料全部放入锅中，加入约500毫升水，大火煮沸，再转为小火煮10分钟，取汁去渣即可。

｜使用方法｜ 可代茶饮。

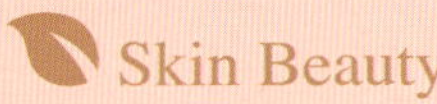

Skin Beauty

最佳祛痘食材排行榜

各类健康食材花样繁多，哪些才是有着痘痘烦恼的女孩们最适合吃的呢？一般来说，具有排毒功效的食材都能达到祛痘效果。

●Food 梨

凉性水果，清热效果非常好，祛痘效果不错。

●Food 柿子

能清热解毒，防治痘痘，爱长痘痘的朋友不妨多吃。

●Food 番茄

含有丰富的维生素C，对肌肤有很好的修复作用，生吃可以美容。番茄汁是预防痘痘、去除痘印的佳品。

●Food 山楂

有顺气化痰的功能，对体内痰湿淤积引起的痘痘有很好地去痘效果。

●Food 苦瓜

清火、排毒、消炎功能佳，痘痘严重者，平时不妨适量喝点苦瓜汁。

●Food 丝瓜

具有神奇的美容功效，不仅可以有效祛斑、消除皱纹，达到延缓皮肤衰老的效果，还能减少面部油脂的分泌，促进痘痘愈合。

●Food 蘑菇

多吃蘑菇能够增强对细菌的抵抗力，以防痘肌再次受到感染。

●Food 白果

白果果仁含有多种营养元素，除淀粉、蛋白质、脂肪、糖类之外，还含有核黄素、胡萝卜素、钙、磷、铁、钾、镁等微量元素。有解毒、排脓的功效，能去除痘痘和滋生新肌。

Part 04

滋养修复，3分钟肌肤全面营养配方

挑选肌肤最爱的营养品

肌肤要保持活力与光彩，离不开营养的滋养，如何挑选肌肤最爱的营养品呢？

精华素，大幅提升肌肤品质

精华素给女孩们的印象，常常是“物以稀为贵”。小小一瓶精华素，瓶身可能只有一根滴管大小，却动辄几百上千的价格。这让人不禁产生疑问，里面究竟装了什么宝贝，值如此高的身价，难道使用了之后就会换肤不成？

揭开精华素的面纱

几乎每个护肤品牌都有自己主打的精华素，里面往往包含着最新研制或发现的，对肌肤具有极强养护作用的成分，这类的精华素价位通常非常高，对皮肤的养护功能也是不言而喻。而就一般的精华素来讲，同一品牌、相同系列的精华素和面霜的有效成分是一致的，只是精华素中的浓度更高而已。这就等同于把相当数量的营养物质压缩在了一起，使营养更充分。

精华素中通常都不含保湿剂，特别是乳液中常见的油性保湿成分，在精华素中都很难找到，取而代之的是质地非常轻盈的水溶液，这就使精华素更加容易渗入肌肤，对肌肤进行密集修复。

而且，精华素通常会采用密封、不透明的容器再加上按压式的喷嘴，能够在很大程度上避免使用过程中来自手部的污染，也能够帮助精准地控制用量，保护其中所含的见光分解的成分物质，使其发挥最大作用。

认清精华液的成分

挑选精华液时，可以先从配方来了解，例如成分中标明含有维生素C，一般有提亮肤色的作用及一定的美白功效；如果成分中含有绿茶提取物，则表明该精华液有很好的抗衰老作用，可用于缓解皱纹；如果成分中含有透明质酸，则表明其保湿效果不错，可用来为肌肤补充水分。

眼霜，给眼周肌肤温柔呵护

一双清澈明亮的眼睛，会给人留下深刻的印象；而紧致细腻的眼周肌肤，则会为眼睛加分不少。担任保护眼周肌肤的重要角色，非眼霜莫属了。

眼部问题解析

眼睛周围的皮肤是人体最薄弱的肌肤，工作和生活中任何的不规律和坏习惯，都会直接反映在眼睛上，很容易出现黑眼圈、浮肿等皮肤问题；再加上在日常护理中，眼周的肌肤经常受到拉扯，容易产生细纹。平时用于脸部的护肤品对于眼周肌肤来说，都过于营养或是不够细腻，眼周的肌肤难以吸收，反而会出现脂肪粒等新问题。因此，一定要使用专门针对眼部问题的眼霜才行。

不同质地的眼部护肤品

基础的眼部护理产品，从质地上来说一般分为三类：

Point | 眼霜

眼霜是一种霜状的眼部护理产品，和面霜一样，它的质地相对来说比较浓稠，里面含有多种眼部保养成分，用来改善皱纹、小细纹、黑眼圈以及眼袋等大多数的眼部问题。

从左至右起

↑The body shop 维生素E眼霜、雅诗兰黛多层次瞬透保湿眼霜、牛尔玫瑰超水嫩保湿眼霜

Point | 眼胶

又称为眼部啫喱，它的功效与眼霜大部分类似，但是质地却更加清爽，即使是敏感肌肤使用，用后也不会有不适感。重点在于为眼部保湿，舒缓肌肤，防止老化等。

Point | 眼膜

眼膜跟面膜一样，是一种眼部肌肤的急救产品。它能快速缓解因为熬夜、生理期等原因造成的浮肿、黑眼圈等，为眼睛消除疲劳，补充水分，增加弹性。

乳液，调湿护肤轻松上阵

要塑造完美肌肤，就必须给护肤打好坚实的“地基”，让肌肤保持良好的状态。这个时候，就轮到乳液登场了。

爱上乳液的理由

乳液的含水量非常高，一般会比同样成分的乳霜高一倍多，几乎可以直接用来给肌肤补水，同时，乳液又能为皮肤构建一层皮脂膜，从而防止水分流失，也就是人们常说的“锁水功能”。此外，乳液中还含有一定的油脂成分，能够帮助皮肤将水分吸收，使肌肤一直水水润润；而当肌肤干燥时，这些油分又能滋养肌肤，让皮肤变得柔软光滑，也能够在一定程度上清洁皮肤表面的污垢。

你有多了解乳液

〔涂抹方法〕

乳液首先应该涂在最干燥的部位，最后再全脸涂抹，这样就使干燥部位得到双重滋润。涂抹时，注意运用指腹的力量，而不是手掌，这是很多女孩涂抹乳液的通病。将乳液放在手掌中的话，其营养成分首先是被手掌吸收掉了。其实，指腹的力度更加适中，而且富有弹性，肌肤会感觉比较舒服。

〔乳液的用量〕

一般乳液会注明一次用量在一枚钱币大小，如果皮肤问题较严重，可适当加大用量，并要将颈部的用量计算在内，因为颈部油脂分泌较少。

晚霜，给肌肤穿一件睡衣

很多人在使用滋养护肤品的时候，不管是白天还是晚上，都是使用同样一瓶面霜。殊不知，这样做会让肌肤损失一次大好的调理和修复的机会。

你了解晚霜吗？

晚霜，顾名思义是指使用于夜晚的一种护肤产品。它的活性成分高，质地比较滋润，主要作用是对白天受损的肌肤在夜间进行调理和修复。

有证据表明，肌肤最佳的保养时刻是在晚上的10点至次日凌晨的2点，这段时间的细胞分裂比较活跃，对护肤品中的营养吸收也更加的充分，这样就能使白天受损的皮肤得到最纯净和直接的呵护。

不是人人都需要使用晚霜

年轻肌肤使用晚霜的情况一般比较少，因为其自身细胞的新陈代谢能力已经能够提供基本的保湿和滋润；熟龄肌肤的代谢能力减缓，自身修复的能力比较差，最好能够运用晚霜的营养配合肌肤的最佳吸收时间让护肤效果事半功倍。

从左至右起

↑欧莱雅金致臻颜晚霜、露华浓晚霜

精华液选购，看懂成分

精华液是一种高浓度、高功能的保养品，和其他护肤品一样，它的种类非常繁多，在选购前一定要对精华液的功能有所了解，针对不同的肤质和皮肤问题进行选择。

修护

修护精华液的功能非常强大，可以用来解决大部分的皮肤问题。这类精华液通常扮演着“安内抚外”的角色：对内，为细胞进行修复和更新，提供给细胞必需的氧气，加速皮肤的新陈代谢，让肌肤随时绽放年轻光彩；对外，补充皮肤所需要的营养和水分，帮助肌肤主动防御外界侵害，减少皮肤问题的产生。

抗衰老

抗衰老精华液的主要原理，是运用一些有效成分修复受损的胶原蛋白或弹力纤维，或是利用某种成分刺激胶原蛋白和弹力纤维的再生，甚至可以通过干预细胞的代谢，帮助预防细胞的提早衰老或损坏，从而达到抚平皱纹，改善肌肤松弛的作用。

美白

这种精华液也非常常见，同时也是美白系列中最为昂贵的一支。因为它为解决皮肤中非常顽固的斑点和肤色暗沉问题起到了至关重要的作用，让肌肤恢复白皙光泽，大幅度提升肌肤的品质，焕发自然光彩。

其他功能

此外，还有保湿精华液、纤体精华液、祛痘精华液等各种产品，分别针对皮肤的不同问题加以解决。不要总以为用精华液是熟龄肌肤的事情，在肌肤受损严重的情况下，精华液绝对不失为保养肌肤的一员大将。

眼霜挑选，让年龄来做主

不要再相信那些“25岁之后才需要使用眼霜”之类的谣言了，事实上，对于眼部肌肤的养护，最好能够提前开始，才能防患于未然。只不过在眼霜的选择上，各个年龄阶段的标准是不一样的。

●20岁关键词：补水，去疲劳

曾有人说过，美好的青春总是用来挥霍的。但在学习和玩乐中，可不要忽略了眼周肌肤的健康。长时间学习或是彻夜狂欢，很容易形成眼袋和黑眼圈。

可以选择一款质地比较清爽的啫喱类眼霜，每天按时涂抹。如果情况比较严重，也不要试图加大眼霜的剂量来挽回，这样不仅不会比正常用量更有效，还有可能加重眼睛肌肤的负担，诱发脂肪粒等。

●30岁关键词：舒爽，消细纹

这个年龄段，眼睛周围不可避免地会出现小细纹，好在这个时候纹路还比较浅，通过眼霜可以进行补救。因此可以尝试使用一些有效消除细纹、帮助维持肌肤年轻状态的眼霜，例如凝胶状的产品，质地温和，为肌肤补充充足的水分，让眼周肌肤水润细滑。

从左至右起

↑THE FACE SHOP顶级保湿抗皱系列眼霜、玫琳凯柔润精华眼霜、SKINFOOD雪茶嫩白眼霜

切忌不要贪图方便，将面霜代替眼霜使用，它的营养成分相对较高，极易产生眼袋，或造成眼周肌肤过敏的现象发生。

40岁关键词：去皱，提拉肌肤

看着眼周的纹路越来越明显，眼袋和黑眼圈也开始一起出现，功能单一的眼霜已经不能满足此时的肌肤状态了，它们对于岁月造成的肌肤老化无济于事。这个时候，质地更加浓稠、富含营养的高浓度眼霜会比较适合。它们里面包含有促进肌肤细胞再生的成分，能够有效抚平皱纹，提拉并紧致肌肤，让你的皮肤重新恢复青春与活力。

50岁关键词：紧致，修饰衰老痕迹

松弛的眼袋、老年斑、深刻的皱纹……岁月像一把无影的刀，将女人的美丽进行切割。特别是年轻时就不注意保养的人，体现得尤其明显。适用于这个年龄阶段的眼霜，里面含有的成分也越来越多，能够同时起到去除眼袋、抹平皱纹、紧致肌肤、修饰臃肿无神的双眼的作用，并且要配合适当的眼部按摩，促进肌肉活力，让双眼保持明亮动人。

面霜&乳液，呵护肌肤各不同

滋润肌肤最直接的方法就是使用面霜或乳液。很多人都分不清它们的差别，经常会代替使用。实际上，同系列的面霜和乳液的成分是一样的，只不过形态不同而已。而正因为如此，它们在使用时其实有不同的分工，解决不同的肌肤问题。

质地

面霜和乳液最大的不同，在于它们的质地差异。一般来说，同一个系列的乳液和面霜相比较，面霜的油脂量常常都比较高，当然也可以根据质地不同，分为清爽型和滋润型两种，前者比后者的油脂少。

相对的，乳液的质地比面霜更加轻薄一些，但是也分高油脂和低油脂两种。可以在手背上试用，如果能够很快被吸收，就属于低油脂型；

而如果吸收速度较慢，涂抹过后或多或少反射出光泽，那么就属于油脂量较高的乳液。但总的来说，乳液的质地偏于轻薄，而面霜则相对较为油腻。

适合肤质

由于质地的不同，面霜和乳液所适合的肤质也不一样。因为面霜较为油腻，所以干性肌肤的女性可以放心地使用，而如果你是油性肌肤，那么就要加倍小心了。尤其是经常泛出油光，甚至容易长痘痘的肌肤，最好使用乳液，而要谨慎使用面霜。

早晚

每天的早晨与晚上，由于温度、日光、空气湿度、人们身体状况等方面的不同，一个人的肤质也会有较大差异，所选择的护肤品也必须有所区别。所以早晨建议使用具有保湿、隔离等功能的日霜或乳液，帮助抵御外界污染环境的伤害；而晚上则侧重于使用滋养美白、紧致修复等功能的晚霜或乳液，可以修复肌肤损害，及时补充营养。

季节

根据季节变化，也要适时调整自己的面霜和乳液。需要注意的是，春季和夏季肌肤油脂分泌较多、易过敏，最好选择清爽型的面霜或乳液，同时里面最好含有防过敏、控油或者防晒的成分；秋季和冬季天气干燥，肌肤缺水比较严重，重点选择滋养型的面霜或高油脂的乳液，选择具有保湿以及美白效果的产品为佳。

SKIN
Chapter 02
美肤

净白无瑕
桃花美肌养出来

美白是每个爱美女孩一生的追求，如何实现最自然的净白，是我们应该仔细研究的问题。

小测试 “灰姑娘”OR“白雪公主”？

不同的肌肤质地和颜色，美白的方法可大不相同，千万别没弄清自己的肌肤状态就进行保养。不如先来做个测试了解一下吧。

1. 起床时发现皮肤没有光泽，看起来十分干涩。
2. 皮肤的颜色逐渐黯淡，但不是健康的小麦肤色，而是黄褐色。
3. 天气虽然不热，可是脸上仍然喜欢出油，看起来毛孔很大。
4. 脸上冒出小雀斑，并且颜色逐渐加深。
5. 早上出门肤色还行，到了晚上就变得暗沉起来。
6. 每次晒太阳后，都感觉肤色更深了。
7. 洗脸后可以明显看到脸部肤色有不均匀的现象。
8. 虽然使用了亮白功效的眼霜，但黑眼圈和眼袋还是不请自来。
9. 熬夜后脸色异常憔悴，几天都不能恢复。

答“是”得1分，答“否”为0分。

A

0～3分：肌肤有变黑的趋势
白皙的肌肤已经有变黑的趋势了，需要在日常护肤过程中加入美白的产品。

B

4～6分：偏暗沉肌肤
你的肌肤已经比较暗沉了，要做好美白保养措施，注意防晒和使用专门的美白护肤品。

C

6分以上：暗沉老化肌肤
你的肌肤不仅暗沉甚至还有老化的趋势，所以全方位美白工作应立刻展开。

谁带走了肌肤的光彩

突然发现自己从白美人变成了黑珍珠？可不要将责任完全归咎于太阳。多数时候，让肌肤变黑的“凶手”其实就是自己，看看白皙的肌肤光彩是怎样流失掉的吧。

test 防晒工作没做好

出门前肌肤要做好防晒隔离准备，否则肌肤容易变黑。长期不注意，阳光中的紫外线会深入破坏皮肤真皮层，侵害胶原纤维及弹力纤维，并使其氧化变质，肌肤也会因此而失去透明感，导致肤色暗黄。很多女孩单纯地认为要改善肌肤偏黑、暗沉的问题，只要使用有针对性的美白产品即可。但实际上，如果不了解暗沉肤质产生的原因，所有美白工作都会竹篮打水一场空。

test 清洁不够彻底

化妆品与污垢长期残留在肌肤上，会与油脂及灰尘等混杂在一起形成污垢。如果清洁不彻底，残留在脸上的污垢会氧化变质，令肤色暗哑无光。

test 纸睡眠不足代谢不畅

经常睡眠不足或熬夜，会让身体内部器官得不到休息，新陈代谢功能不顺畅，老化角质层便会增厚，而导致肌肤失去透明感，出现灰暗的颜色。

test 长期压力过大

长期处于高压状态，或压力得不到释放，身体就会处于紧张状态，这就造成血管收缩，使得血液循环不佳，从而使肤色也暗沉下来，没有光泽。

test 过多摄食富含金属元素的食物

某些食物也是皮肤变黑的祸根，如富含铜、铁、锌等金属元素的食物。这些金属元素可直接或间接地增加与黑色素生成有关的酪氨酸、酪氨酸酶等物质的数量与活性。如果经常进食如动物肝肾、牡蛎、虾、蟹等食物，也会加快肌肤变黑的速度。

从左至右起

↑娥佩兰防水防晒露SPF30PA++、雅芳夏日之恋防晒喷雾SPF30 PA++、芙丽芳丝深净洁肤油

想美白？听听肌肤怎么说

皮肤不够白皙的原因有很多，有的是先天黑，有的是后天偏黄，这都是肌肤不够白皙的内在原因，在制定美白计划时，自然也要因肤而异。

天生肤色偏黑型

如果是天生肤色偏黑，美白计划应首先控制不要继续变黑，然后再选择美白护肤品。因此首先要做好防晒工作，避免肌肤更加黑色化。在日常护理中，最好使用美白精华产品，定期做美白面膜。

肤色偏黄暗沉型

肤色偏黄、暗沉多半是由于日常保养不当所致。制定美白计划时，要把去角质和深层清洁放在首要位置，及时去除废老角质层，才有利于肌肤吸收美白产品。同时，注意不要长时间面对电脑，因为电脑辐射也会造成肤色黯淡。

熟龄肌肤变黑型

熟龄肌肤容易出现黑色素沉淀和斑点。应选择高性能美白产品，兼具抗氧化、抗衰老、高保湿功效，这类产品除预防黑色素外，还能使肌肤呈现健康的白。

护肤小锦囊，帮你击退肌肤暗沉

是不是总对别人的白皙美肌羡慕不已？或者埋怨老妈没有给予自己天生丽质的透亮肤色？没关系，即使是天生的白美人，也需要后天的精心保养，向她们偷师一下美白的锦囊妙计吧。

补充大量水分

时刻保持肌肤水分充足是美白肌肤的首要条件。因此，不仅身体要多喝水，还可以准备一瓶高保湿喷雾，这种喷雾水分子小，皮肤极易吸收，经常在脸上喷一喷对美白有好处。

使用美白护肤品

如果之前使用的只是普通护理产品，一定要换成添加美白成分的护肤品。含有植物美白成分的化妆水，不仅可清洁肌肤，还能通过水分的渗透达到收敛毛孔和美白的效果。

进行专业美白护理

有条件的话可以每周去专业的美容院，在美容师的指导下，进行美白的特殊护理，或者使用美白精华素或植物精油，请美容师帮你操作并按摩，可能胜过你在家一个月的成效。

持续使用美白面膜

要想美白效果显著，不妨隔天使用一次美白面膜对肌肤进行加强护理，让面膜中的美白精华液渗透到肌肤底层，使肌肤在短时间内得到改观，达到理想的白皙肤色。此外，敷完面膜后，不要忘记抹上具有美白效果的乳液或面霜，这样才能使面膜中的美白成分发挥更好的效果。

从左至右起

↖印象之美保湿面膜、雅诗兰黛多层次瞬透保湿面膜、倩碧水嫩保湿面膜

熬夜过后的美白急救

人体需要睡眠和休息，肌肤也不例外，如果睡眠不足，肌肤就会变得黯淡无光。尤其随着年龄的增长，肌肤自我恢复能力会越来越弱，通宵加班、和朋友彻夜K歌，或者是陪男友整晚看球，都会让肌肤元气大伤。所以熬夜之后，赶快出动美白急救“小分队”吧。

急救一：做一个补水面膜

要想美白，肌肤当然不能缺少水分。哪怕熬夜过后马上要投入工作，10分钟的空闲应该还是有的吧，利用这一点点时间做一个补水面膜，就能够让肌肤保持活力。

敷面时，用手掌从脸部中央向两侧轻轻按摩，食指和中指从下往上对脸部肌肤进行提拉，重复3次。

***小贴士**

熬夜时的美白提示

在熬夜时，尽量不要用方便面或是味道非常重的食物填肚子，这样会加快色斑的沉积，最好以水果、清粥小菜等食物补充体力。

急救二：对症下药选择美白产品

熬夜过后通常都会出现皮肤粗糙、脸色偏黄的问题，有时还会长出黑斑以及痘痘，这都是因为熬夜影响了激素分泌的缘故。

这个时候的美白要下足工夫，选择美白产品时也要有根有据，最好是准备能改善色斑部位的轻微炎症、抑制黑色素形成、提亮肤色的保养品。

急救三：润燥要从内至外

熬夜之后千万不要忽视了清洁和保养，倒头就睡会对皮肤造成难以修复的损害。

最好能够先喝一杯加了少许蜂蜜的洋甘菊茶，在彻底清洁肌肤后，先喷上保湿喷雾或是化妆水，再使用含有洋甘菊或天然果酸成分的护肤产品，既能帮身体润燥，又能去除死皮，让肌肤重现光泽。

急救四：不要忽视眼部

熬夜后最明显的变化，就是会出现黑眼圈，让原本白皙的皮肤受到影响。

为了防止色素在眼睛周围沉淀，在熬夜前一定要记得卸妆，以免加重眼部的负担；熬夜后，用棉布将隔夜的茶叶包裹后，轻轻敷于眼部10分钟，再用清水冲洗，并涂抹上眼霜；再泡上一杯枸杞红枣菊花茶，待充分浸泡后饮用，可以缓解身体和皮肤的干燥状态。

Point

熬夜毕竟会给肌肤带来伤害，所以最好避免熬夜，让肌肤充分休息。

▲ 精油

芳香精油的美白新体验

近年来，精油逐渐成为了美容护肤的主角。它能够促进皮肤新陈代谢，淡化黑色素，达到美白祛斑的效果。不过精油的种类多种多样，对肌肤黯淡的女性们来说，还需根据自己的需求选择适合自己的精油。

不同状况下的精油选择

Point | 脸色暗沉，精油救急

肌肤曝露在室外空气中，容易受到各种污染，变得暗沉、缺少光泽，可以将薄荷、柠檬、葡萄或玫瑰精油，滴两滴在面纸上，轻轻在脸上擦拭，能够让肌肤恢复光彩，头脑也更加清醒。

Point | 美白的夜间保养

夜间是肌肤进行自我修复最好的时候，细胞的新陈代谢比较快，并且时间很充裕，可以在睡觉前进行充分地按摩，让精油慢慢地渗透皮肤。像橙花、茉莉、玫瑰等香味的复方精油对皮肤有很好的美白作用，可以增加肌肤的透明度。

Point | 泡泡精油澡，美白透出来

泡澡的时候，不要忘记在浴缸中加入具有美白功效的复方精油，像洋甘菊、玫瑰、乳香、葡萄子油、薰衣草等精油，不仅能够对肌肤起到美白的作用，而且有助于睡眠。

精油的按摩手法

将复方精油滴在手上，覆盖整个手掌，轻轻地在脸上推开；然后用中指和食指夹住两边脸颊的边缘，缓缓地进行滑动，促进淋巴循环；最后由下往上，用双手按摩脸颊和额头，直到完全吸收。

精油滴手上

促进淋巴环节

按摩脸颊和额头

美白穴，点“靓”透白美肌

从中医学角度来看，面部反映了五脏的精气神，如果五脏运转不佳，脸色就会变得晦黯，缺乏光泽。而通过正确的按摩方法，可以改善血液循环，利于排出暗沉毒素，令肌肤恢复健康润泽的亮白光彩。

按摩迎香穴

迎香穴位于鼻翼两侧，与直视时的眼睛呈垂直连线。按摩这一穴位能改善身体不适引起的面色蜡黄，有助于缓解黯淡的肤色。按摩时可以用大拇指和食指指尖按住穴位，微微使力，以左右方向来回推动，刺激穴位，每次约1分钟。

减退暗沉肤色按摩法

可以先用手掌或海绵沿小腿外侧打圈，左右脚重复交替做，用力一点效果会更好。然后在距离脚踝内侧7厘米位置，用大拇指按压5秒。以上动作各重复6次。

减退被晒黑肤色按摩法

用食指及中指的第二节在耳背的凹陷处按压，每次按3秒，做5次。

击退汗斑指压法

用双手的中指指腹放在眼头指压，每次大约6秒；然后用食指和无名指按眼肚的位置；将双手掩住眼睛轻轻按压，最后移至眼尾以及太阳穴的位置轻按。每个位置10下。

美白又祛斑的穴位

用一手的拇指第一关节横纹，正对另一只手的虎口边，将拇指弯曲按下，指尖所在处为合谷穴，按压时有痛感。经常按压此穴，可以淡化斑点，巩固美白成果。

不同位置的斑点：身体隐患要小心

无论是年轻肌肤还是熟龄肌肤，几乎都无法避免斑点的降临。不管是遗传的雀斑，还是晒斑等，都会给无瑕的肌肤染上污点。而这些斑点的出现，同时还暗示着身体不同部位的健康状况，所以要想彻底根治它们，还得找准“病源”再下手。

不同部位斑点原因

〔眼睛周围〕

一般是因为子宫有病症、流产过多以及激素不平衡引起的内分泌失调，情绪不稳定时体现得尤其明显。

〔面颊〕

面颊出现斑点是肝脏功能减弱的标志，胃肠内的毒素积累到一定程度得不到及时地排出；未经保护的日晒同样也会让面颊出现斑点；生理期或是更年期的女性如果长斑也会出现在此位置。

〔眼尾、太阳穴附近〕

这个地方出现斑点和情绪的波动有关系，通常有点神经质或容易受到打击的人在此位置出现斑点的几率很高。

〔发际线周围〕

多半与妇科疾病有关，内分泌失调在这里也有体现。

排毒淡斑，缓解肌肤“坏情绪”

不管用什么祛斑方法，斑点总是去了又来！别急着烦恼，其实持续不断的斑点问题，不仅是肌肤“坏情绪”的体现，更可能是身体内部的健康问题。要想祛斑，首先必须从身体排毒做起。

肝胆排毒

经常生气或抑郁的人，脸颊上经常会出现黑斑，太阳穴附近出现黄褐斑……这都是肝郁造成的。肝郁，通俗的理解就是爱生气，喜欢把不开心的事闷在心里，时间久了，气不顺，影响了肝脏的排毒功能，毒素无法排出就会在脸上表现出来。

除了要保持开朗乐观的心情外，还可以经常按摩肝区：双手手掌横放在乳房下肋骨处，从两侧至中间反复搓动，对缓解因肝郁形成的斑点有很好的效果。

肠胃排毒

经常便秘的人也不可避免地会遇到斑点问题。体内留有宿便的话，其中的毒素便会渗透到身体里，脸上易形成黑斑。解决便秘的办法有很多，多喝水、多食蜂蜜等润肠的食物，多做锻炼腹部的运动。像瑜伽中就有很多按摩腹部的体式，经常做做就可以润肠通便。

淋巴排毒

肤色暗沉和出现斑点的主要原因，还是因为脸部的毒素堆积，利用排毒精油和淋巴按摩的手法，能够加快面部的血液循环，加速淋巴的代谢。

给脸部进行一次热敷，将毛孔打开；然后取适量的按摩霜或复方精油，双手互搓产生热量后，用四指由鼻翼至耳垂轻轻按摩，多反复几次；最后再涂抹具有淡斑活肤功效的护肤品，让面部焕发白皙光彩。

Natural Mask

祛斑面膜DIY，祛斑美白一步搞定

斑点的出现总是和身体的健康息息相关，用天然的方法进行补救是最健康不过的方法了。平时在家可以制作一些祛斑面膜，既能淡化斑点，也能防止斑点的产生。

薄荷牛奶面膜

美肤功效 此款面膜在美白的同时可以治疗雀斑、黄褐斑，使斑点淡化、消失并滋润肌肤。

|材料| 薄荷精油2滴、牛奶100毫升、面粉少许。

|做法| 将牛奶和面粉放入面膜碗中，搅拌成糊状。加入薄荷精油并充分搅拌，使所有材料充分混合均匀即可。

|使用方法| 清洁脸部后，将面膜涂于脸部，约20分钟后用清水洗净，每周1～2次。

白芷蜂蜜面膜

美肤功效 本款面膜能有效消除肌肤深层污垢，使肌肤嫩白、润泽。

|材料| 白芷粉30克、燕麦粉15克、蜂蜜15毫升、纯净水适量。

|做法| 在白芷粉中加入适量常温纯净水，调成糊状。将蜂蜜、燕麦粉加入白芷糊中，充分搅拌均匀即可。

|使用方法| 洁面后，将此款面膜均匀地敷在脸上，约20分钟后，用清水洗净即可。

玫瑰淡斑面膜

美肤功效 玫瑰精油对于干燥、老化、松弛敏感的皮肤保养效果更好，与鸡蛋清、面粉合用，能有效淡化色斑，深层清洁紧致肌肤。

|材料| 玫瑰精油3滴、鸡蛋1个（取蛋清）、面粉1大匙。

|做法| 将鸡蛋清、面粉一同倒入面膜碗中，搅拌调匀后，滴入玫瑰精油继续搅拌，待全部材料调匀即可。

|使用方法| 洁面后，将面膜涂抹于脸部，10分钟后洗净。

汤汤水水中的祛斑妙方

说到祛斑，汉方汤药美白一直深受人们欢迎。以下三个中医美容药方，都从调和气血、调理五脏入手，从而达到祛斑美白之效。

1 通窍活血汤

材料：麝香0.2克，赤芍、桃仁、红花、川芎、茯神各10克，菖蒲5克，远志、枣仁、当归各15克，老葱3节。

食用方法：水煎，温服，每日1剂，分2次服，15天为1疗程，2～3个疗程为宜。

2 三白汤

材料：白芍，白术，白茯苓各5克，甘草2.5克。

食用方法：水煎，温服，每月1剂，分2次服。

3 桃红四物汤

材料：熟地、当归各15克，白芍10克，川芎8克，桃仁9克，红花6克。

食用方法：水煎，温服，每日1剂，分2次服用。

4 玫瑰参茶

材料：干玫瑰花2克，西洋参3片，黄芪、枸杞子各5克，绿茶3克。

食用方法：将枸杞子、黄芪洗净，沥干备用。将干玫瑰花与绿茶混合后放入茶壶中，加入枸杞子、黄芪和西洋参片，冲入沸水后闷泡5分钟。滤渣取汁饮用即可，可反复冲饮直至味淡。

5 枸杞生地散

材料：枸杞子100克，生地30克。

食用方法：将枸杞子、生地焙干后，研成粉末并搅拌均匀，每取10克，每日3次，用温开水或白酒适量冲服，连续1个月。

美白饮料DIY，喝出亮白好气色

自己动手做出的饮料总是格外的好喝，更何况这款饮料还具有美白作用呢？这些饮料中不仅含有让皮肤亮白的维生素，还富含膳食纤维，在减少黑色素的同时，还能帮助排出体内的废物。一石二鸟，为美白加分！

猕猴桃柠檬汁

美肤功效 三种水果中都富含维生素C，是美白皮肤的最好帮手。每天晚上喝一杯，美白效果看得见。

|材料| 猕猴桃1颗、葡萄柚半颗、柠檬半颗、蜂蜜少许。

|做法| 先将猕猴桃、葡萄柚、柠檬去皮后，切成小方块放到榨汁机中进行搅打，加入蜂蜜调味。

番茄葡萄蜂蜜汁

美肤功效 葡萄中富含花青素，有很好的美白作用；而番茄中的维生素C也相当丰富，对于那些皮肤比较黑且粗糙的人美白效果更明显。

|材料| 葡萄200克、番茄1颗、蜂蜜少许、白开水适量。

|做法| 葡萄洗净不必去皮去子，番茄洗净切块，一起放入榨汁机内搅打成原汁，加上白开水及少许蜂蜜后饮用，冰镇口感更佳。

草莓牛奶汁

美肤功效 草莓中含有果酸、维生素和矿物质等，可以增加皮肤的弹性，具有美白和保湿滋润的效果，还能有效避免色素沉淀；牛奶中的蛋白质能帮助皮肤补充营养，恢复自然白皙。

|材料| 草莓9颗、柳橙1/2颗、鲜奶120毫升。

|做法| 先将草莓洗净，去蒂，将柳橙去皮去子，切成小块，然后一起倒入榨汁机内，加上鲜奶搅打均匀后即可倒入杯中饮用。如果冰镇后再饮用，味道更可口。

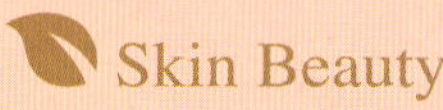
Skin Beauty

最佳美白食材排行榜

美白的食材多种多样，可以灵活烹饪成各种菜式，为你增进食欲的同时又能让肌肤白嫩起来。

Food 猕猴桃

被誉为“维C之王”，常食可抑制黑色素生成；切片后还可用作美白眼膜。

Food 柠檬

富含维生素C，可消除皮肤色素沉着，榨汁后还可自制各种美白面膜。

Food 番茄

含有大量维生素C，能够有效美白肌肤和淡化斑点。可以生吃，也可以熟食，还可以将其捣烂后作为美白淡斑面膜。

Food 木瓜

木瓜酶能有效软化角质，使皮肤柔软白亮；木瓜汁或木瓜面膜都有很好的美白作用。

Food 黄瓜

含大量维生素C和果酸，能清洁肌肤，消除晒伤和雀斑；用黄瓜片敷面能美白淡斑。

Food 菜花

富含维生素C，经常食用可有效抑制黑色素生成，预防黑斑、雀斑的产生。

Food 菠菜

不仅可以补充铁质，更含有丰富的维生素C和维生素A。用菠菜做粥或汤，都可美白肌肤。

Food 白萝卜

中医认为，白萝卜可“利五脏、令人白净肌肉”，美白效果显著。

Food 樱桃

酸甜爽口的樱桃色泽光洁，自古以来就是美容果，樱桃含铁极其丰富，每百克鲜果肉中铁含量是同量山楂的13倍，苹果的20倍，含量为各种水果之首。樱桃汁有助面部皮肤嫩白红润、去皱清斑，所以近年不少美白产品也都加入了樱桃成分。

抚平细纹 打造零肌龄平滑靓肤

细纹是岁月的痕迹，更是美肤之路上最恼人的绊脚石。温柔呵护自己的肌肤，让纹路来得更晚一点吧。

小测试 肌肤出卖了你的年龄？

女人们总是幻想着自己能够拥有不老容颜，想要美丽能够多停驻一些时刻。要想做到这一点，当然要跟皮肤“打好商量”，否则小心让皮肤出卖你的年龄。

1. 每次洗完脸后感觉肌肤紧绷，用手触摸十分粗糙。
2. 拍化妆水时，水分立刻被吸干。
3. 感到只擦涂乳液仍不够滋润，小细纹明显。
4. 脸上的毛孔越来越粗，有时会随着表情出现一些小皱纹。
5. 笑的时候，眼下有放射状的皱纹，眼角有条状鱼尾纹。
6. 鼻翼旁的法令纹似乎加深了。
7. 唇部常常发干，嘴角似乎有些下垂，有清晰可见的唇纹。
8. 照镜子时，发现颈部肌肤有些松弛，能明显看到一道一道的轮廓。
9. 两颊的肌肉变得松松垮垮，颧骨更突出了。

答“是”得1分，答“否”为0分。

A

0～3分：
你的肌肤年龄在24～28之间，肌肤的弹性正在逐渐减退，需要你细心地呵护。

B

4～6分：
你的肌肤年龄在28岁以上，各部位逐渐松弛老化，需要给肌肤更多的营养。

C

6分以上：
你已是完全的熟龄肌肤了，这种情况下的肌肤，水分和营养已严重流失，除皱保养刻不容缓，需要立刻开展美肤计划，别让问题越来越严重。

皱纹产生的原因大起底

肌肤老化最典型特征就是出现皱纹。通常来说，皱纹的产生跟每个人的保养方式和生活习惯有着很密切的联系，下面让我们来一一探究原因吧！

缺水

肌肤的弹性需要水分支持，如果水分不足，就会导致肌肤细胞呈现龟裂的纹路。所以缺水是产生皱纹的主要原因，包括体内缺水和皮肤缺水两个方面。

护理不当

错误的护理方式，是导致皱纹出现的原因之一。例如洗脸水水温太高，皮肤的油脂和水分就会被热气吸收，致使皮肤变得干燥，形成细纹。长期使用化妆品或过度使用精华液，都会造成肌肤毛孔逐渐老化，出现皱纹。

缺少防晒隔离

紫外线是肌肤老化的头号大敌，肌肤缺少防晒和隔离的保护，直接裸露在紫外线下，不仅会变黑，更容易出现皱纹、松弛、粗糙等现象。

不正确作息饮食

如果肌肤营养摄取不够均衡，或长期睡眠不足，也会造成皮肤肌肉组织营养不良，皮肤逐渐变松出现皱纹，以及黑眼圈、眼袋等。

从左至右起

↖THE FACE SHOP大米保湿水、欧珀莱莹白活性育肤水

生活习惯决定皱纹深浅

女人总是乐意花大笔的钱用来延缓岁月在脸上留下痕迹，却发现效果总是不尽如人意。每日勤勤恳恳地护肤，皱纹却还是爬上额头。不要去责怪护肤产品没有作用，说不定是自己日常的不良习惯给了皱纹以可乘之机。

俯身洗头发：抬头纹加深

很多人习惯俯身洗头发，这动作却是抬头纹的天敌。回想一下，洗头时是不是总不自觉地看着发尖呢？若不想抬头纹加深，还是改改洗头的姿势比较好。

补救方法：对付抬头纹就一定要坚持按摩。将双手十指按住发际线的位置，将头皮尽量地向后拉，同时眼睛要向下看。这样能够拉伸额头的皮肤，使之得到充分的伸展。在涂护肤品时应该用双手交替向上涂抹和拍打，再配合刚才的按摩动作，就能缓解抬头纹的形成。

嚼口香糖：形成法令纹

嚼口香糖可以帮助脸部做运动，但是对于嚼口香糖成瘾的人，可能会加大她们形成法令纹的危险，特别是天生法令纹纹路较深的人，要尤其小心。

补救办法：将嘴用力鼓起，用舌头去碰触口腔两侧的肌肉，这个动作随时都可以做，对于消除法令纹作用明显；另一种方法是将嘴巴撅起，双手十指和中指并拢，按压鼻翼下方、人中两侧的位置，并向两边轻轻拉，每次15秒，每天3次，坚持一个月就会有效果。

皱眉：川字纹变深

皱眉头有时候是下意识的行为，这个小习惯很难在一时之间转变过来，但如果不立刻改正，又会形成难看的川字纹，这可怎么办呢？

补救方法：涂抹护肤品的时候从两眉的中心向两边太阳穴画圈；也可以用中指和食指并拢，放在眉毛上，轻轻向两边拉。坚持按摩，能减轻川字纹的深度。

胡乱涂抹眼霜：加重鱼尾纹

在涂抹眼霜的时候，像鬼画符一样的对待眼周肌肤，如果再加上喜欢拉扯眼角、揉眼、眯眼等动作的话，鱼尾纹出现的几率又会增加许多。

补救方法：在做任何眼部动作或是眼部保养时，都要切记，动作一定要轻缓，以免拉扯到眼周的肌肤。在涂抹眼霜时，要顺着内眼角、上眼皮、眼尾、下眼皮做环形的按摩，用无名指按摩可以减少按摩的力度，而且按摩时间不宜过长，一般在3分钟左右即可。

抬头纹

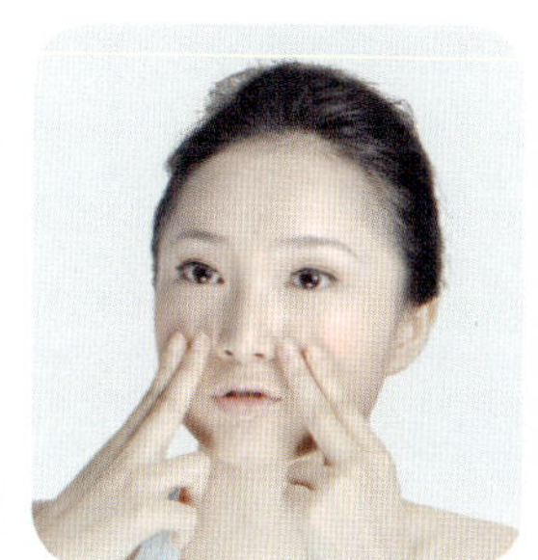
法令纹

涂抹眼霜，小心出现鱼尾纹！

川字纹

鱼尾纹

抗皱秘籍，浅皱VS深纹

面部的皱纹有深浅之分，不同程度的皱纹护理也有差异。如果不加区分就盲目地进行护理，不仅无法让深皱纹消失，而且还可能导致浅皱纹更快速地变成深皱纹。所以，肌肤抗皱一定要对深、浅皱纹区别对待。

浅皱纹

洗脸后，对着镜子微笑一下，如果能看到嘴角、眼睛附近有细小的纹路，这就是浅皱纹，主要通过日常生活规律和基础护理来改善。

1.多喝水，并持续使用深层保湿的护肤品，赶走浅皱纹。

2.长期待在干燥的环境内，最好放一杯水或备置空气加湿器，以增加空气的湿度。

3.外出时，一定要抹防晒隔离产品，回家后还要及时做好清洁工作。

4.保持充足睡眠。最好每晚11点前就上床睡觉，因为夜晚11点至凌晨2点是肌肤自我修复的黄金期，充足的休息能让肌肤尽快恢复健康的状态。

深皱纹

深皱纹的产生，主要是由于皮肤真皮层粘多糖的减少以及胶原蛋白的流失引起的，需要进行深层的护理才能改善。

1.使用专门的、有针对性的抗皱护肤品，为肌肤外层添加所需营养。

2.配合适当的面部按摩可以有效舒缓细小皱纹，增加肌肤细胞含氧量和水分，令肌肤恢复光泽。每周还可以自行按摩一次或请专业的美容师帮助按摩。

3.每天洗脸后，用冷毛巾敷面3～5分钟，可以紧实肌肤，增加肌肤弹性，舒缓皱纹。

4.维生素A和维生素E能滋润肌肤，要多吃富含维生素A和维生素E的食物，如胡萝卜、动物肝脏等，也可适量服用维生素A和维生素E药丸。

消除法令纹，逆转肌肤年龄

所谓的法令纹，是指鼻翼两侧到嘴角连线处的皱纹。星相学认为，皱纹深的人说话更有分量，适合发号施令，法令纹因此得名。但对于女人来说，法令纹的出现却是皮肤松弛老化的象征，当然不能让它们出现。

法令纹的成因

法令纹出现的最大诱因是岁月问题。随着年龄的增长，肌肤中的水分和胶原蛋白减少导致皮肤的弹性降低，脸部肌肉松弛下垂以致法令纹形成。法令纹并不是中年人的专属，随着现代生活节奏的加快，许多人早早就出现了法令纹，其成因和脸部的构造、生活作息不正常、保养不当、遗传体质、脸部表情过于生动等原因有关。

如何去除法令纹

按摩和滋养是消除法令纹的好办法。沿着下颌到颧骨的路线，对这部分的肌肉进行提拉、按摩，再加上护肤品的补水滋养作用，使肌肤恢复弹性，消除法令纹。

Step1 在下颌和嘴角之间

中指和食指抵住下嘴唇的下方，在下颌和嘴角之间小幅度地画圈，上下往返数次。在嘴角的地方用力按一下。

Step2 颧骨下方为终点

以嘴角为起点，颧骨下方为终点，用中指和食指小幅度地画圈。画在颧骨下方时用力地按一下。

Step3 耳朵下方为终点

以颧骨下方为起点，耳朵下方为终点，用螺旋的手法进行按摩。在咬合关节处用力按下。

Step4 提拉脸颊的肌肤

双手捂住法令纹，朝耳朵方向分别向后上方提拉脸颊。

*小贴士

适当热敷一下

黑眼圈主要是因为眼部血液不足所致。因此，在上妆前不妨用热毛巾温敷一下眼部，提升其血液循环。在日常护理中，还可以练习下眼部按摩操，这样才能“内外结合”彻底赶走黑眼圈。

Natural Mask

除皱面膜DIY，与皱纹抗争到底

市面所售的除皱面膜理所当然是除皱的“狠角色”，但是价格普遍昂贵，我们完全有可能在身边找到替代品，价格很平民，效果却一点也不差。

除皱精油面膜

美肤功效 深层滋润肌肤，除皱减压防老化。

｜材料｜ 荷荷巴油8毫升，玫瑰果油2毫升，玫瑰精油、洋甘菊精油、檀香精油各3滴，维生素E丸油液。

｜做法｜ 将荷荷巴油、玫瑰果油倒杯中，滴入玫瑰精油、洋甘菊精油、檀香精油、维生素E丸1粒，轻轻摇匀。

｜使用方法｜ 洁面后取6滴均匀涂抹在脸上，按摩10分钟后用清水洗净。

番茄蜂蜜面膜

美肤功效 调节皮肤水油平衡，有效美白紧致肌肤。

｜材料｜ 番茄2个，鸡蛋1个（取蛋清），燕麦粉、蜂蜜各适量。

｜做法｜ 番茄洗净后取汁液，加入蜂蜜、燕麦粉、鸡蛋清搅拌均匀即可。

｜使用方法｜ 洁面后，将面膜敷脸上，避开唇周、眼周、鼻部，20分钟后温水洗净。

燕麦杏仁蜂蜜除皱面膜

美肤功效 能有效滋润面部肌肤，使肌肤光滑细致，从而延缓皱纹的产生。

｜材料｜ 燕麦片3勺、杏仁油1勺、酸奶20克、蜂蜜适量。

｜做法｜ 将燕麦片稍微碾碎，再把燕麦片、杏仁油、酸奶、蜂蜜一同放入碗中搅拌均匀即可。

｜使用方法｜ 洁面后，取适量面膜均匀涂在脸上，20分钟后用温水洗净即可。

↑银耳鲜奶除皱面膜

红酒除皱面膜

美肤功效 红酒中含有超强抗氧化剂，含有丰富的抗氧化多酚，能够增强肌肤抵抗力，并促进肌肤血液循环，所以经常使用红酒面膜能有效预防皱纹形成，还能防止毛孔阻塞，随时保持毛孔畅通。

|材料| 红酒1小杯，纸面膜1张。

|做法| 将纸面膜放入塑料容器中，将红酒倒入，让面膜纸充分浸湿吸收。

|使用方法| 洁面后，打开充分浸泡的面膜纸，敷在脸上，15分钟后取下即可。

银耳鲜奶除皱面膜

美肤功效 银耳抗衰老紧肤功效显著，常敷这款面膜能使肌肤细腻，还可美白肌肤，赶走暗沉。而加上鲜奶的配合，更能实现美白嫩肤的功效。

|材料| 鲜奶35克、银耳10克、橄榄油适量。

|做法| 将干银耳研磨成细致的粉末，然后加入鲜奶和橄榄油拌匀。

|使用方法| 临睡前洁面后，将面膜敷涂面部，20分钟后用清水洗去。

未雨绸缪，预防眼部皱纹小妙招

由于常常面临外界环境侵蚀，眼睛是最容易滋生皱纹的部位之一。如何预防眼部皱纹，在日常护理中，我们必须注意：

彻底卸妆

肌肤细胞老化是产生皱纹的根本原因，而化妆品中的化学成分是加速细胞衰老的罪魁祸首。因此要预防皱纹的产生，做好眼部卸妆工作是首要任务。

正确涂眼霜

要防止皱纹生成，眼霜是关键武器，但是如果涂抹方法不当的话，可能会对眼部起到反作用，因此要掌握正确的涂抹方法。

Step1 **指腹相互揉搓**

洁面后，用无名指或中指取绿豆大小的眼霜，然后用两中指的指腹相互揉搓，给眼霜加温，使之更容易被肌肤吸收。

Step2 **拍打在眼周肌肤上**

以点的方式，将眼霜均匀地拍打在眼周肌肤上。

一定要均匀地拍打哦！

Step3 **先从眼部下方开始**

从眼部下方由内眼角向眼尾处轻轻按压，再转至上方由内向外轻按。

Step4 **从眉头下方开始**

用中指指腹从眉头下方轻轻按压；再沿眼眶由内向外轻轻按摩4～5圈。

定期敷眼膜

眼膜的营养通常比较丰富和集中，能滋润眼部、消除浮肿、改善黑眼圈。定期做眼膜，能为眼周肌肤补充营养，保持肌肤年轻活力，预防眼部皱纹的产生。

让鱼尾纹隐形的6个细节

鱼尾纹是指在人的眼角和鬓角之间出现的皱纹，其纹路与鱼儿尾巴上的纹路很相似，在笑的时候更明显。要想无所顾忌地开怀大笑，首要任务是“擦”掉眼角的鱼尾纹。

预防鱼尾纹的方法

1.多选择适合肤质的眼部保养品，这样才能阻挡干纹的出现、皱纹的产生。

2.除了早晚使用适合肤质的眼部保养品以外，最好每周敷1～2次补水保湿的眼膜。

3.睡觉前，可以蘸取适量维生素E，并辅以按摩手法，轻轻按摩眼周肌肤。

4.正确用眼，不要长时间眯起双眼看东西，经常做眼保健操。

5.注意防晒，烈日高照时，可以打伞或者戴上太阳镜。

6.不要过分揉擦眼睛，尤其是卸除眼部妆容时，切忌用力过度，以免加重皱纹。

按摩法消除鱼尾纹

Step1 按住太阳穴

用双手的大拇指和食指按住太阳穴，其他手指由外眼角向里做螺旋式的按摩。每日2次，每次5个循环即可，力度不能太大。

Step2 按压眉毛下方和眼眶下方

分别用双手的食指、中指轻轻按压眉毛下方3次，眼眶下方3次。持续大约3～5分钟。

Step3 眼球做上下左右地旋转运动

眼球做上下左右地旋转，帮助眼周肌肤进行轻缓的运动，有助于淡化细纹。

Natural Mask

抗皱眼膜DIY，为眼部减龄

眼膜虽小，功能却不一般，它能给眼周肌肤以最温柔的呵护。这个部位的肌肤非常脆弱，一般护肤品很难被完全吸收。这个时候天然的食材反而能更好地发挥作用，给予眼部肌肤最自然的营养呵护。

适用于任何肤质。

银耳眼膜

美肤功效 此款眼膜具有滋养、保湿、除皱、细肤的功效。

| 材料 | 蜂蜜10克、银耳20克。

| 做法 | 提前将银耳发泡，再入锅开小火，待熬成浓汁后，再加入蜂蜜，熬5分钟后，盛出锅冷却待用。

| 使用方法 | 洗脸后，用化妆棉蘸取该液体，轻轻擦拭眼皮及眼睛周围，15分钟后用温水洗净。

适用于任何肤质。

黄瓜眼膜

美肤功效 此款眼膜能有效滋润眼周肌肤，减少细纹的产生，并淡化黑眼圈。

| 材料 | 黄瓜半根、鸡蛋1个、白醋2滴。

| 做法 | 将鸡蛋去壳后，分离出蛋清，把黄瓜榨汁后加入白醋与蛋清拌匀。

| 使用方法 | 将眼膜涂于眼部，20分钟后用温水洗净，再用凉水拍洗，每周可做1～2次。

蜂蜜蛋黄眼膜

美肤功效 此款眼膜具有润肤、平纹、抗皱的功效。

| 材料 | 蛋黄1个、蜂蜜10毫升、橄榄油半勺。

| 做法 | 蛋黄中加入适量蜂蜜调匀，再加两滴橄榄油搅拌均匀即可。

| 使用方法 | 用化妆棉蘸取该液体涂于眼部，20分钟后用温水冲洗，再用凉水拍洗即可。

性感双唇，与唇纹说再见

肌肤全方位除皱计划，自然也包括唇部，可是它总是被我们忽略，直到出现唇纹之后，才发现事情的严重性。不用担心，我们可以对唇部进行补救。

什么是唇纹

唇纹是在上下唇部因嘴唇干燥和老化形成的纹路。它不同于皱纹，没有年龄限制，遗传或是天生较为燥热的体质都会造成唇纹，唇部长期处于缺水干燥的状态，也会造成唇部纹路。

另外，假如经常咬唇、舔唇、吸烟、吃刺激性食物，甚至说话时表情过分夸张，都会让嘴唇周围的肌群过于疲乏，也会出现唇纹。

快速去除唇纹妙招

〔涂蜂蜜〕

蘸取适量蜂蜜涂抹于嘴唇上，20分钟后，清洗干净，可淡化唇纹。

〔抹橄榄油〕

把少量橄榄油均匀涂抹于唇部，可滋润双唇，预防唇纹。

唇部按摩法

1.用大拇指和食指的指腹捏住上下唇，慢慢往两边横向按摩10下。

2.用中指指腹按着唇部中央的位置，再由中央往嘴角的方向按摩，上下唇重复8次。

Natural Mask

唇膜DIY，烈焰红唇的诱惑

唇部同样也需要深层的滋润。当嘴唇出现严重的脱皮现象或唇纹时，可以自己制作一些简单方便的唇膜，涂于唇部，给双唇一次特别的呵护。

柠檬酸奶唇膜

美肤功效 有效去除唇部角质，令干燥起皮的嘴唇恢复鲜嫩光泽。

| 材料 | 酸奶1勺、新鲜柠檬汁2～3滴。

| 做法 | 将酸奶混合柠檬汁后搅拌均匀，放入冰箱冰镇后取出即可。

| 使用方法 | 清洁唇部之后，用棉棒将唇膜均匀地涂抹在嘴唇上，15分钟后用温水清洗干净即可。

山药肉桂唇膜

美肤功效 可以活化细胞、促进血液循环，让双唇更显红润与光泽。

| 材料 | 新鲜山药30克、肉桂粉5克。

| 做法 | 新鲜山药洗净后削皮，倒入搅拌机捣成泥状，加入适量肉桂粉调成糊。

| 使用方法 | 清洁唇部后，用棉棒将唇膜均匀涂抹在嘴唇上，约15分钟清洗干净即可。

蛋黄燕麦唇膜

美肤功效 食材中富含的蛋白质能修复唇部的细胞，去除多余死皮，让双唇保持细致光泽。

| 材料 | 鸡蛋黄、燕麦片各适量。

| 做法 | 将燕麦片压成粉状，把适量的蛋黄倒入燕麦粉末中，将其充分混合，并搅拌成膏状。

| 使用方法 | 在卸掉唇妆后，用热毛巾敷嘴唇3分钟，软化皮肤，然后将唇膜敷于双唇，10分钟后用温水洗净。

颈部护理，抹掉岁月的痕迹

日常护理中我们常常忽略颈部，就容易留下岁月的痕迹——颈纹。我们应该小心翼翼，像呵护面部一样关爱颈部。

产生颈纹的原因

颈部肌肤比面部肌肤更薄，几乎跟眼部肌肤一样脆弱，再加上平时疏于保养呵护，就会使颈部一直处于干燥的状态，因此很容易产生皱纹。此外，长期伏案工作、睡觉时枕头较高、喜欢抽烟喝酒也会导致颈部纹路加深。

颈部护理须知

据说，一条颈纹代表年近30，每多一条就增加10岁，因此颈部护理刻不容缓。

1.在进行完颈部清洁后，应在早晚使用专门的颈部护理产品，帮助颈部皮肤保持滋润。

2.不宜使用较高的枕头，这样会使颈部呈弯曲状，导致细纹的产生。

3.气候较冷、风沙较大时，应该系好围巾，防风保暖，减少颈部的水分流失。

颈部按摩步骤

在洗脸的同时，对颈部进行按摩，有助于去除颈纹：

Step1 向上提拉

清洁颈部，用洗面奶轻轻洗走颈部的脏物。涂上适量颈霜，采用向上提拉的手法，从下往上交替提拉，颈部至耳际。

Step2 利用手背处的关节

双手微微弯曲，利用手背处的关节由下至上做揉推按摩，加快颈部血液循环。

Step3 按腮下淋巴组织

双手手指按摩腮下淋巴组织，可促进排毒。全套动作重复10次。

颈膜DIY，就爱天鹅颈

对于颈部的温柔呵护，当然少不了颈膜的身影。食物中的营养物质能够给平时被忽略的颈部肌肤充足的水分和滋养，让它变得和脸部一样细腻光滑。

珍珠粉牛奶颈膜

美肤功效 此款颈膜不但能有效滋润颈部，更有美白颈部的功效。

| 材料 | 珍珠粉3克、面粉10克、牛奶15毫升。

| 做法 | 将珍珠粉、面粉搅匀，然后加入牛奶搅拌成糊状即可。

| 使用方法 | 清洁颈部后，涂上此颈膜，用保鲜膜包裹住，并在外面敷一条热毛巾，待20分钟后洗净。

*小贴士

由于颈部的特殊性，涂抹在颈部的护肤材料常常容易滑落，这时使用一张薄薄的保鲜膜，就能让颈膜牢牢贴在肌肤上。

橄榄油土豆颈膜

美肤功效 此款颈膜能给颈部补水保湿，滋润效果也不错，能够预防颈部皱纹。

| 材料 | 土豆1个、橄榄油15克。

| 做法 | 将土豆蒸熟、捣泥，在土豆泥中加上橄榄油搅匀即可。

红茶颈膜

↑红茶

美肤功效 红茶中的抗衰老成分能够帮助减少颈部的细纹，令肌肤变得细致光滑，能有效抚平颈部的细纹。

| 材料 | 红茶、红糖、面粉各少许，水适量。

| 做法 | 将红茶和红糖加水煎煮片刻，冷却至30℃左右，加上适量面粉搅拌均匀。

| 使用方法 | 将其均匀涂于颈部，15分钟后洗净。注意在敷颈膜的时候，不要随便转动头部。

中医去皱按摩，平滑每一寸肌肤

按摩是帮助皮肤舒展、去除皱纹的好方法。在日常生活中辅以中医按摩法可以增强皮肤血液循环，使皮肤恢复弹性，从而延缓皱纹的形成。

摩面法

美肤功效：使肌肤恢复弹性与润泽，让脸部皱纹松开，肌肤变得紧实。

Step1 两手摩擦发热

两手摩擦发热，然后五指并拢，贴合在脸部额头处，往下平抹直到下巴。

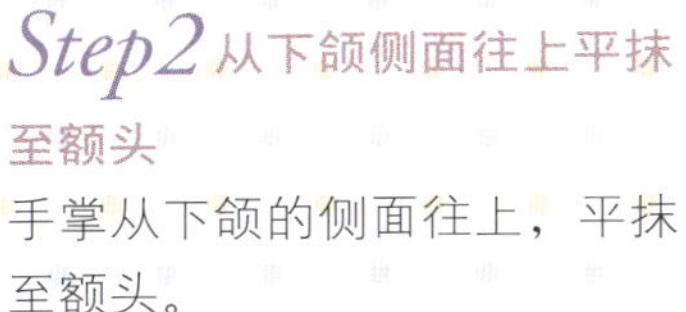

Step2 从下颌侧面往上平抹至额头

手掌从下颌的侧面往上，平抹至额头。

Step3 重复练习

再从上往下、从下往上各重复练习20～40次。

注意事项：力度要均匀，手法要轻柔，事先擦一点按摩霜，效果更好。

叩面法

美肤功效：促进脸部血液循环，使肌肤光泽红润，减少皱纹的产生。

Step1 叩击两颊部位

两手手指微弯曲呈散开状，在两颊部位从左往右，按蛇形排列的方式轻轻叩击皮肤。

Step2 上下叩击面部

手指依然维持叩击状，从额头开始从上往下轻轻地叩击面部皮肤。

Step3 各做三遍

从左往右、从上往下各做3遍，效果更好。

注意事项：力度不要过重，频率不要过快，以免拉伤脸部肌肤。

食物里的抗皱生力军

要想对抗皱纹，除了面部肌肤保养之外，日常的饮食配合也很重要。据科学家证实，在饮食中加入微量元素和胶原蛋白是预防皱纹、恢复肌肤活力的好办法之一。

微量元素

微量元素是指人体内含量较少的矿物质元素，其中锌、硒、铜、锰等能有效延缓肌肤衰老。想保持青春的女性朋友，可以适量多吃豆类、坚果、虾蟹、玉米等富含上述微量元素的食物，能有效对抗皱纹。

胶原蛋白

胶原蛋白是一种蛋白质，是维持皮肤与组织器官形态、结构的主要成分，也是修复损伤组织的重要原料物质，它可以维持皮肤的水分和弹性。但到了一定年龄后，机体自身生成的胶原蛋白就会赶不上流失的量，皮肤继而出现暗沉、缺乏光泽之感，慢慢就会失去弹性，产生皱纹。所以，适时补充胶原蛋白，对抵抗皱纹、延缓衰老很重要。

Part 05

隔离防护，3分钟为肌肤穿上“黄金甲”

防晒是永葆无龄美肤的关键

嫩白美肤离不开精心呵护，如果忽略了防晒这一环节，就可能让肌肤暴露在紫外线的伤害之中。

紫外线，健康肌肤的隐形敌人

肌肤之所以会变黑，多半都是拜紫外线所赐。这些看不见摸不着的光线，却扮演着肌肤敌人的角色，破坏肌肤的正常细胞，造成黑色素沉着，这些危害都让肌肤避之不及。所谓知己知彼，百战不殆。首先先来认识一下紫外线究竟有何本事，才能更好地加以预防。

认识紫外线

紫外线属于太阳光线的一种，它对人体影响最大。如果肌肤长期曝露在阳光里，不做任何防晒措施，紫外线就会侵入到肌肤真皮层，从而加快肌肤的老化，引起肌肤变黑、产生色斑、缺水干燥、滋生皱纹等肌肤问题，严重者还有可能患上皮肤癌。

紫外线除了可以作用于肌肤，还会对中枢神经造成损害，使人出现头痛、头晕、体温升高等症状。

紫外线的分类

根据紫外线波长的不同，可将紫外线分为：

长波紫外线（UVA）：可以直达肌肤真皮层，导致肌肤胶原蛋白损耗，引起皮肤松弛，产生皱纹。

中波紫外线（UVB）：会激活黑色素细胞，让肌肤变黑并诱发肌肤老化。

短波紫外线（UVC）：一般会被臭氧层吸收，不能到达地球表面。

由此可见，防止紫外线对皮肤造成的伤害，主要是防止UVB的照射，而UVA的预防，则是肌肤不被晒黑的保证，应该根据自身情况区别对待。

不同外出目的地的防晒重点

不管是日常外出还是出门旅游，不同的目的地防晒的重点是不一样的。不同地点区别对待，不仅能为包包减重，更加能给肌肤减负，让出行变得轻松又安全。

test 目的地一：江南小镇

气候特点：阳光充足、气候温和湿润。

江南地区气候湿润，雨量充足，空气中湿度比较大，但是容易滋生细菌，特别是敏感肌肤到了这里会有不适感。建议带上有防晒功能的隔离霜，不仅能够阻挡紫外线伤害，也能阻隔空气中的灰尘和细菌，让肌肤保持清莹。

test 目的地二：高原地区

气候特点：日照时间短、湿度较大。

往西南方向走，紫外线的强度也大幅度增强。这些地区一年四季都存在的UVA紫外线相当“毒辣”，能够深入真皮层，对细胞进行直接地破坏，加速黑色素的形成，让皮肤出现泛红黝黑的肤色。因此不仅要准备防晒系数较强的防晒霜，墨镜、太阳伞和长袖衣物都是不可缺少的防护用品。

test 目的地三：沿海地区

气候特点：闷热潮湿，紫外线照射指数非常高。

到沿海地带游玩，防晒永远是最重要的保护措施。从脸到身体的各个部位都要进行高级别的防晒保护，如果在水下活动则要加上防水功能的防晒产品。特别值得注意的是，到海边游玩时防晒霜的用量非常关键：每平方厘米的肌肤上涂抹的防晒霜用量不能小于0.05克，并且每隔2小时就要进行补涂。

从左至右起
↖ 医肤基ACE系列产品

一年四季防晒不停歇

等到夏天到来时再进行防晒工作，是不是太晚了一点？事实上，紫外线中的UVA可以穿透玻璃和云层侵入人的肌肤，是加快细胞衰老和肌肤变黑的元凶；有一些室内的光源也有可能让肌肤在不知不觉中变得暗沉、缺少光泽。我们的肌肤需要得到全天候24小时地保护，寻找出不同的防晒重点，给予肌肤365天的周全保护。

Point 1 春季，隔离+调养

春季到来后气温回暖，紫外线也逐步增强，再加上粉尘和细菌增多，肌肤很容易出现过敏和干燥现象。这个时候就应该开始使用隔离霜或带有防晒功能的面霜，阻隔皮肤与外界的污染接触。其防晒系数在SPF15左右的护肤品就能够满足春天的防晒需求，同时还能起到保湿滋养的目的。

***小贴士**

注意事项

防晒不是夏天的专属，其实一年四季都要随身携带防晒霜，但四季对防晒霜SPF值的要求不同。

Point 2 夏季，全面防晒

夏季防晒的重要性众所周知，无论是出远门，还是去楼下市场买菜，都应该做好防晒准备。有些人认为短时间的日晒不会对皮肤造成什么影响，殊不知，紫外线对皮肤的伤害是具有累积性的，间歇性的伤害也同样会使皮肤产生灼伤。

因此，一出门就应该涂抹防晒霜，并且准备好太阳伞、墨镜、浅色衣物等，将防晒工作贯彻到底。

Point 3 秋季，防晒+保湿

秋季的阳光总是容易被人们忽略，甚至不做任何防护措施就出门，这样做的后果会让整个夏天的防晒成果功亏一篑。秋季的紫外线虽然有云层遮挡，但是大气离子层变薄，加大了紫外线的投射度；而且秋季开始，人体的新陈代谢减缓，这个时候晒黑的皮肤比起夏季来，更难回到白皙状态。所以，夏季的防晒工作到了秋季应该继续保持，并且还要注意给肌肤增加补水保湿。

Point 4 冬季，修复为主

冬季的紫外线大幅度减弱，这个时候正好是进行肌肤修复的大好时机，如果护理得当，肌肤能够很快回到清透亮白。但值得注意的是，这个时候最好依然使用带有一定防晒功能的护肤品，因为冬季在室内呆得比较多，日光灯等照明设备同样含有紫外线，对肌肤有一定伤害，不要让“隐形敌人”破坏了一整年的白皙计划。

SKIN
Chapter 02
美肤

全副武装 对抗紫外线

阳光紫外线是肌肤的大敌，要想保住青春靓丽，必要的防护措施不可少。

你选对防晒霜了吗？

选择一款适合自己的防晒霜是对肌肤最好的保护，问题是市面上的防晒霜种类这么多，怎么才知道哪一款最适合自己呢？这还要从防晒霜的成分和自身的肤质下手。

根据肤质选择

目前，市面上的防晒霜根据质地，主要有防晒霜、防晒乳、防晒油、防晒喷雾等形式。根据吸收的效果不同，分别适用于不同的肤质：

油性肌肤应选择渗透力较强的水剂型、无油配方的防晒产品。比较清爽不油腻的产品才不会堵塞毛孔，给肌肤造成额外负担。千万不要使用防晒油以及物理防晒产品。

干性肌肤应选择质地比较滋润的霜状防晒产品，最好还有补水和增强肌肤免疫力的功效，在防晒的同时还能滋养肌肤。

中性皮肤一般无严格规定，而防晒喷雾则适合各种肌肤补充使用。

敏感、痘痘肌肤建议选择专门针对此类肌肤的药妆或护肤品牌，其说明文字中包含“通过过敏性测试”、“通过皮肤科医师对幼儿临床测试”、“通过眼科医师测试”、“不含香料、防腐剂”等字样。

认识防晒霜上的系数指标

选购防晒霜时，上面往往都会写有SPF15、SPF20、PA++、PA+++等系数，这些系数和防晒霜的防晒效果息息相关，当然不能盲目选择。首先要清楚它们的含义，才能做出最适合肌肤的选择。

SPF

SPF是Sun Protection Factor的英文缩写，具体指防晒产品所能发挥的防晒效能的高低，它是根据皮肤的最低红斑剂量来确定的。

通常来讲，假设紫外线的强度不变，一个没有任何防晒措施的人如果待在阳光下20分钟后皮肤会变红，而当她采用SPF15的防晒产品时，表示可延长15倍的时间，也就是在225分钟后皮肤才会被晒红。因此挑选SPF的数值时，最好根据阳光强烈度以及户外时间长短来选择。

PA

PA是日本化妆品工业联合会公布的“UVA 防止效果测定法标准”，以“+”的数目区分等级。其中一个“＋”表示可以延缓肌肤晒黑时间2～4倍，PA+++ 则表示可延缓 8 倍以上。所以选择PA时也要根据光照强烈以及肌肤易被晒黑的时间来确定。

另外，防晒霜还有一个重要的指标，那就是防水性能。因为夏季皮肤接触到汗水、海水、游泳池水等机会很多，如果防晒产品的防水性能不好或根本没有，则起不到应有的保护作用。特别是喜好运动以及旅游的人，一定要认清防晒产品上是否注明具有防水性能。

从左至右起

↑花清水漾修颜隔离日霜、兰芝雪纱防晒隔离霜SPF26PA＋

挑选防晒霜，SPF值并非越高越好

人们在选购防晒霜时，总是忍不住要选择SPF指数较高的产品。即使知道不需要那么高的防晒系数，也会自我安慰：可能就有用上的那一天呢。事实上，选择防晒霜要以自身需求为主，千万不要盲目地追求SPF系数。

看懂SPF值

一般来说，SPF的数值通常反映的是皮肤在经过日晒后，产生红斑的最短时间的倍数值。如果一个人在日晒后出现轻微红斑反映的最短时间为15分钟，使用SPF6的防晒产品，则可在阳光下逗留6倍时间（90分钟），皮肤才会出现微红；而SPF20的则可以逗留20倍时间（300分钟），以此类推。

防晒不会一劳永逸

按道理来说，在不可预知外出时间的情况下，选择SPF值越高的产品，应对突发情况就很方便，因为不需要再次涂抹。但是如果长期涂抹SPF值过高的产品，对肌肤的不良影响日积月累，也可能会产生一些副作用。

要想提高SPF值，就必须增加防晒剂的种类和含量，这在无形中也增加了防晒产品对皮肤的刺激性和光敏性等不安全因素。即使不是过敏性肌肤的人，长期涂抹这种含有高刺激原和过敏原的产品，也会使皮肤出现粗糙、痘痘以及瘙痒等症状。

因此，我们在衡量一款防晒产品的品质时，不应该片面追求SPF值，而是应该根据自己的具体情况做出选择。

从左至右起

↑HR羽翼隔离防晒乳液、倩碧日用轻透防晒隔离霜

物理防晒PK化学防晒

要想抵挡阳光的侵袭，防晒霜当然是不二的选择。但是在选择防晒霜时，有两个术语会被经常提到，那就是物理防晒和化学防晒。它们是防晒霜的不同作用原理，究竟哪一种更加适合我们的肌肤呢？

化学防晒

化学防晒是指将紫外线吸收之后再用一种较低的能量形态释放出来，以此避免紫外线的直接损伤。由于每种化学防晒剂只能阻挡一种波长的紫外线，为了达到全面防护的效果，其中融合了多种防晒剂成分，能够吸收紫外线中的UVA和UVB，全面阻隔紫外线。

这样一来，化学防晒的产品就很容易引起皮肤过敏，最好是在使用乳液后再进行涂抹，而且要定时补涂。而它的好处就在于质地比较清爽，不油腻，肌肤容易吸收。

物理防晒

物理防晒产品的原子是片状的，当它被涂抹开后，就像镜子一样将阳光反射出去，避免紫外线对皮肤造成的伤害。

通常如果在不出汗或不擦拭的情况下，物理防晒产品可以一直保持防晒效果，也不会像化学防晒产品那样对肌肤产生刺激。但是这类产品通常比较油腻和厚重，颜色比较白，如果肤色本身偏暗的话，涂抹之后会显得肤色不自然，并且容易堵塞毛孔，油性肌肤最好不要使用。在使用前摇一摇有助于减低油性度，使用时采用拍打的方式，顺着肌肤的纹理进行涂抹，才不会产生搓泥现象。

隔离霜，四季必备的防护衣

隔离霜既能起到隔离作用，又能有效防晒。它和防晒霜“师出同门”，但又有不一样的地方。

隔离霜的身份揭秘

隔离霜作为一款功能型护肤产品，身兼数职：它既是妆前底乳，用来隔绝皮肤与彩妆，让妆容更加细腻和服贴；又是防晒霜，其中含有阻隔紫外线的物理防晒剂。

单纯从功能上来讲，隔离霜和防晒霜的作用是一样的，有的隔离霜其实与防晒霜的成分并无差异，只是隔离霜会增加一点调整肤色的作用；目前使用比较广泛的隔离霜中通常都会含有抗氧化、美白以及维生素等营养成分，和防晒霜相比，它更加精纯，更容易吸收，能够在一定程度上防止外部环境和紫外线对皮肤的伤害。

适用人群

Point | 经常上妆的人

隔离霜在一定程度上能够起到帮助肌肤阻隔外界污染的作用，能够防止灰尘、化妆品中的有害化学成分等堵塞毛孔。

Point | 肤色暗沉的人

具有润色功效的隔离霜，对肌肤有较好的修饰作用，常见的色系包括白色、绿色和紫色三种。白色适合所有肤色，如果在局部使用的话，能够创造脸部的立体感，全脸使用可以让肌肤变得白皙明亮。绿色适合容易泛红的肌肤，而紫色则适用于脸色暗沉或是肤色偏黄的人，让脸部重现粉嫩红润。

Point | 长期面对电脑的人

隔离霜中的抗氧化因子以及其营养成分能够对抗电脑辐射，让肌肤拥有完整的保护，减少辐射对皮肤的损害。

正确涂抹防晒产品，肌肤更安全

涂抹防晒霜，绝对不是简简单单将其涂抹到肌肤上就好。涂抹的手法、防晒霜的用量等方面都非常重要；而不同部位的涂抹方法也不尽相同，应该区别对待，才能给予皮肤最周全的保护。

脸部涂抹

Step1 指尖蘸取防晒霜

在涂完面霜后，用指尖蘸取防晒霜，或者将其挤出适量于掌心，再分别点在额头、脸颊、下巴、鼻梁等部位。

Step2 用中指和食指指腹涂

用中指和食指指腹由内往外打横涂开，鼻子要向下往外抹开，然后将防晒霜抹匀。

Step3 额头、鼻梁、颧骨

在额头、鼻梁、颧骨等接触阳光较多的位置可以适当增加用量，再涂抹一遍。

Step4 锁骨处、后脖颈、耳背等部位

不要忽略锁骨处、后脖颈、耳背等部位，这些地方也要一一涂抹到。

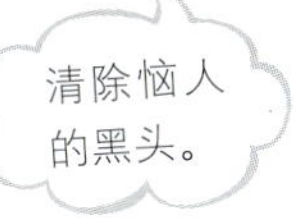

从左至右起

↖La Prairie美白日间防护乳液SPF25、兰蔻柔皙舒缓眼部防晒乳

涂抹注意事项

眼部皮肤较为敏感的人，或是皮肤比较薄，应该使用防晒眼霜在眼皮上进行遮瑕并防晒，防晒眼霜的质地经过了特殊的设计，丨分温和，不会刺激皮肤。

Step 1 挤在胳膊或腿部

将防晒霜容器口直接接触肌肤，以线条状挤在胳膊或腿部的肌肤上。

Step 2 手掌包裹住肌肤

用整个手掌包裹住肌肤，由下往上涂抹，直到完全涂抹均匀不泛白即可。

从左至右起

↑泊美凝皙美白防晒隔离霜SPF25PA++、ZA真皙美白防晒霜SPF30PA+++

晒后修护，轻微VS严重

晒伤是一种皮肤伤害，而且有累积性。重复过度曝露在阳光下会侵蚀皮肤弹性纤维，形成皱纹，使肌肤提前进入老化状态。如果肌肤被严重晒伤，则更要小心翼翼呵护。

轻微晒伤篇

肌肤晒后，需要进行修护型护理。对于轻微晒伤型肌肤，要根据症状一一处理。

症状1：肌肤微微发烫。这是肌肤对紫外线的初级反应，平时可随身携带一瓶补水喷雾，每当肌肤因晒后发热，就用喷雾来冷却脸部。喷时不要离得太近，至少要有一臂的距离，最后未吸收的多余水分要用纸巾吸干。也可以用冰水清洗面部，从而消除热度，镇静肌肤。

症状2：肌肤发红。肤色变暗发红表示肌肤对紫外线已经有了不适感，是肌肤晒伤的前兆。最好在清洁面部后，做一个保湿面膜，使被刺激的皮肤镇定下来。然后再使用美白面膜和一些修护类的精华，有利于皮肤的恢复，击退黑色素的产生。

严重晒伤篇

症状1：出现刺痛感。明显感觉肌肤变得紧绷并有疼痛感，表明肌肤已经十分敏感了，而且肌肤的皮脂膜也受到了一定程度的损伤，稍不注意，还会引发其他肌肤敏感问题。

这时，不能随便使用护肤产品，高性能的精华最好也不要使用，应做好最简单的基础护理：只要求基本的清洁、补水、保湿，最后加上防晒霜就可以了。并且近期最好不要使用化妆品，以免再刺激到肌肤。随后可以用一款晒后修护产品，这些产品往往成分很单纯，能够帮助晒后肌肤的自我修护。另外，有一些专门针对晒后修护的面膜，不妨一试。

症状2：肌肤脱皮。肌肤出现干裂脱皮，并出现水疱，这是非常严重的晒伤表现，如不好好修护，肌肤恢复期将变得很长，肤质也有可能恶化。

这时，除了要短时间避免强光照射，还需要多做一些矿泉水面膜，并且在敷膜的过程中要不断喷水，保持湿润，增加肌肤的水润感，最好早晚敷面一次，每次敷15～20分钟，这样有利于肌肤修护。白天出门时，最好选择质地稍厚、滋润性较强的防晒霜。晚间还可以涂抹一些婴儿油，帮助滋润受损的肌肤。

修护面膜DIY，为肌肤亡羊补牢

和阳光的一次“亲密接触”，肌肤就开始泛红发痒。幸好有修复面膜，可以为肌肤“亡羊补牢”。

芦荟菊花修护面膜

美肤功效 此面膜可以消炎镇静，对修复晒后肌肤有很好的功效。

|材料| 芦荟1片、干菊花10克、维生素E1粒、薄荷油适量。

|做法| 芦荟洗净去皮，取凝胶和甘菊花以3：1比例用水加热；待干菊花呈散状，关火冷却，取清汤，加入维生素E油液和薄荷油搅拌均匀即可。

|使用方法| 洁面后涂抹脸部，20分钟后洗去。

胡萝卜土豆修护面膜

美肤功效 此面膜富含维生素A和B族维生素，能帮助改善晒后肌肤的干燥与粗糙。

| 材料 | 胡萝卜1/2根、土豆适量。

| 做法 | 将胡萝卜和土豆洗净后去皮，切成小块放入搅拌机内捣成泥状。

| 使用方法 | 洁面后直接敷于面部，约20分钟后清洗干净。

西瓜蛋清修护面膜

美肤功效 此面膜能对晒后肌肤进行补水降温，还能起到修护功效。

| 材料 | 西瓜、蛋清各适量。

| 做法 | 将西瓜皮汁与蛋清混合拌匀后，制成面膜待用。

| 使用方法 | 洁面后，直接涂抹于脸部，约20分钟后洗去。

杏仁迷迭修护面膜

美肤功效 此面膜有助于缓解肌肤灼伤情况，帮助肌肤尽快恢复。

| 材料 | 杏仁粉5克、迷迭香精油5滴。

| 做法 | 将杏仁粉倒入水中，再滴入迷迭香精油，轻轻摇匀，倒入干净的精油瓶中。

| 使用方法 | 洁面后，直接敷于面部，约30分钟后洗去，经常使用效果更佳。

草莓柠檬修护面膜

美肤功效 此面膜能滋润晒后干燥缺水的肌肤，使肌肤快速恢复正常状态。

| 材料 | 草莓2颗、柠檬2片、面粉适量。

| 做法 | 将草莓切片捣成糊状，柠檬榨汁后加入草莓糊中，最后加入面粉混合拌匀待用。

| 使用方法 | 洁面后，避开眼周、嘴角等敏感部位，均匀涂抹于脸部，约20分钟后洗去。

芦荟蛋清面膜

美肤功效 芦荟有消炎镇定的功能；蛋清可以清热解毒；蜂蜜中所含的维生素、葡萄糖、果糖则能滋润、美白肌肤，并有杀菌消毒、加速伤口愈合的作用。

|**材料**| 芦荟叶1片，蛋清、蜂蜜各少许。

|**做法**| 将芦荟果肉与蛋清、蜂蜜混合，搅拌均匀。

|**使用方法**| 将面部清洁后，轻轻地敷上面膜泥，注意要小心避开眼睛部位，约10分钟后洗净即可。

银耳冰糖面膜

美肤功效 银耳冰糖汁可以镇静、消炎，具有褪红祛红血丝的功效。

|**材料**| 银耳、冰糖各适量。

|**做法**| 将银耳、冰糖加水熬成汁待用。

|**使用方法**| 待汁水冷却后，轻轻涂在脸上，用冰毛巾敷在上面，约15分钟后洗净。

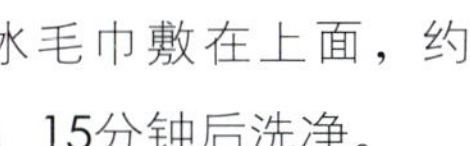

蜂蜜燕麦护肤面膜

美肤功效 此面膜对面部红血丝有一定的改善效果，还能有效减少黑色素的沉着。

|**材料**| 燕麦3勺、鸡蛋1个、蜂蜜适量。

|**做法**| 将鸡蛋去壳，把蛋清分离出来，然后加入燕麦和蜂蜜调成糊状。

|**使用方法**| 洁面后，将此面膜均匀敷于面部，约15分钟后洗净即可。

胡萝卜红薯面膜

美肤功效 此款面膜具有深层补水功效，能去除皱纹，使肌肤有弹性。面膜中还含有丰富的胡萝卜素，可修复晒后的皮肤组织，同时更有补充皮层下的水分，减少细纹，兼具有去死皮的功效。

|**材料**| 新鲜胡萝卜1根，酸奶、蜂蜜各1小匙。

|**做法**| 将胡萝卜洗净，切块，榨汁备用。在胡萝卜汁中加入蜂蜜和酸奶，调匀即可。

|**使用方法**| 洁面后，用热毛巾敷脸，将面膜均匀地敷在脸上，15～20分钟后，用温水洗净。每周2～4次。

防晒误区让你越来越黑

防晒霜虽然是每个爱美女孩在夏天的必备护肤武器，但是这并不意味着有了防晒霜的保护，你就可以高枕无忧。如果使用不当的话，仍然会给肌肤带来意想不到的伤害，甚至会成为阳光的帮凶，让你越晒越黑。

test 误区一：防晒系数越高越好

事实上，对每个人的肌肤来说，防晒系数都是一柄双刃剑，防晒系数越高添加的防晒剂也就越多，对肌肤的刺激也就越大。因此一般情况下，选择SPF15、PA+的产品就行。如果你需要参加户外运动，那么最好选择SPF25～30、PA++的产品。若是要进行水上运动，则建议选择防水型防晒产品。

test 误区二：涂上防晒霜就出门

防晒霜只有在渗透真皮层之后，才能发挥持久的保护效果，因此必须在出门前30分钟就擦拭完毕，只有这样才能够达到最佳防晒功效。另外，如果你吃了香菜、芹菜、菠菜等感光食物后出门，防晒效果就会不那么明显。

test 误区三：擦一次防晒霜就足够

防晒霜在涂抹数小时之后，由于流汗等各种外界原因，其防晒效果会慢慢变弱，所以当你在户外时，一定要及时补涂，这样才能保证防晒效果的延续性。

test 误区四：偶尔忘擦防晒霜应该没关系

其实，日晒是不断在累积的，如果长年不注意防晒，会导致黑色素在肌肤内部慢慢生长。在短期也许没什么表现，但时间一长就会造成肌肤问题，如色斑、皱纹、松弛等现象。所以涂防晒霜是绝对不能省略的护肤步骤。

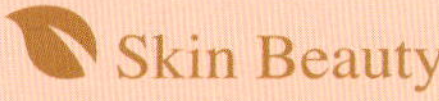

最佳防晒食材排行榜

如果想要实现有效的防晒，可别仅仅借助于外部的保护措施，其实，内部的调养也能帮你筑起肌肤的“防火墙”。

●Food 白萝卜

被誉为“皮肤食品”，能很好地润泽肌肤，防止肌肤被晒黑。

●Food 番茄

最好的防晒水果，每天吃一个番茄能够将晒伤系数减低40%。

●Food 黄瓜

富含果酸，能消除晒伤和雀斑，还能缓解皮肤过敏等症状。

●Food 芦笋

富含硒，能抗衰老和防治各种与脂肪过氧化有关的疾病，使皮肤白嫩。

●Food 柠檬

含有丰富的维生素C，能促进肌肤新陈代谢，提高防晒抗氧化能力。

●Food 西瓜

含瓜氨酸、丙氨酸、谷氨酸、精氨酸等多种具有皮肤生理活性的氨基酸，能够有效补充人体的水分，并且防晒、美白效果很好。

●Food 坚果

含有丰富的不饱和脂肪酸，能软化肌肤，有防晒抗老化的作用。

●Food 茄子

对晒后变红、微血管破裂的皮肤有镇静、消炎、缓和、滋润的作用，还能有效抑制因紫外线照射生成的黑色素。

●Food 橘皮

中含有的维生素C远高于果肉，维生素C为抗坏血酸，在体内起着抗氧化的作用，可以保护其他抗氧化剂，如维生素A、维生素E、不饱和脂肪酸等，防止紫外线对人体的伤害。

品质生活 · 最美女人坊

10分钟无龄美肤养成术

美术编辑：王道琴

文图制作：她品文化

图片提供：华盖创意图像技术有限公司

达志影像

北京全景视觉网络科技有限公司

上海富昱特图像技术有限公司